Patrick Philippot

Révèle ton talent caché

Patrick Philippot

Révèle ton talent caché

L'art de voir le potentiel en chacun

Éditions Vie

Imprint

Cover image: www.ingimage.com

Publisher:
Éditions Vie
is a trademark of
Dodo Books Indian Ocean Ltd. and OmniScriptum S.R.L publishing group

120 High Road, East Finchley, London, N2 9ED, United Kingdom
Str. Armeneasca 28/1, office 1, Chisinau MD-2012, Republic of Moldova, Europe
Managing Directors: Ieva Konstantinova, Victoria Ursu
info@omniscriptum.com

Printed at: see last page
ISBN: 978-620-8-87684-5

Dédicace

À ma femme qui m'a toujours soutenue

Préface

Chaque être humain porte en lui un trésor souvent ignoré.

Un potentiel, une lumière intérieure, qui ne demande qu'à être révèle.

Ce livre n'a pas la prétention d'apporter des réponses toutes faites, mais plutôt d'ouvrir des portes d'éveiller des consciences et de donner à chacun la force de se reconnaître tel qu'il est unique riche de sa différence, et porteur de talents parfois insoupçonnés.

INTRODUCTION

Depuis plus de cinquante années professionnelles et personnelles, j'ai observé, écouté, accompagné. J'ai vu des hommes et des femmes se relever après des épreuves terribles. J'ai vu des anonymes accomplir des choses extraordinaires, simplement parce qu'ils avaient en le courage de croire en eux.

Dommage que très jeune on ne nous guide pas avec cet esprit de vision, qui nous permettrais de faire des choix qui nous ferais gagner du temps.

TOUT COMMENCE ICI
UNE INVITATION À PASSER À L'ACTION
PATRICK PHILIPPOT

🔑 **Ce que nous devons retenir**

Chaque page de ce livre a été écrite avec une idée centrale : nous avons tous un potentiel immense, mais seuls ceux qui osent le révéler avancent vraiment 🌟.

- 🎓 Ne pas juste apprendre, mais appliquer.
- 💡 Ne pas juste comprendre, mais transformer son quotidien.
- 🌱 Ne pas juste espérer, mais devenir une force de changement.

La vraie réussite ne repose pas sur un seul talent, mais sur l'équilibre entre le savoir, le savoir-faire et le savoir-être 🧑‍🎓.

Maîtriser ces trois dimensions, c'est se donner la clé pour exceller dans tout ce que l'on entreprend 🔑.

Alors maintenant, la seule question qui reste est simple : **Quelle est ta prochaine action ?** 🚀

Ne laisse pas ce livre être une lecture de plus. Fais-en un déclic 💥.

🚀 **Révèle ton talent caché** *« L'art de voir le potentiel en chacun ✨ »*

🎭 Tout le monde possède un talent caché.

Une capacité unique, parfois insoupçonnée, qui ne demande qu'à être révélée.

Certains la découvrent naturellement, poussés par un environnement qui leur permet d'explorer et de se dépasser.

D'autres, en revanche, traversent leur vie sans jamais prendre conscience de leur propre valeur, simplement parce qu'on ne leur a jamais montré qu'ils avaient un potentiel incroyable.

Si j'ai appris une chose au fil de mes années dans le monde de la restauration, de la vente et de l'immobilier, c'est qu'il « n'existe pas de personnes sans talent » – seulement des personnes qui n'ont pas eu l'opportunité de le révéler.

J'ai rencontré des hommes et des femmes qui, à un moment donné, pensaient être arrivés au bout de leur parcours professionnel, convaincus qu'ils n'avaient plus rien à offrir.

Et pourtant, il suffisait « d'une conversation, d'une écoute attentive, d'un petit déclic » 💬 pour que tout change.

C'est ce que j'ai toujours cherché à faire : comprendre l'autre, révéler ce qu'il ne voit pas encore en lui-même et lui montrer que « l'engagement et l'effort permettent de transformer un talent en véritable réussite » 🤝.

Ce livre est un voyage à travers cette idée. « Comment identifier un talent caché? Comment l'aider à se révéler ?

Et surtout, comment apprendre à voir chez les autres ce qu'ils ignorent eux-mêmes? » 🔍

Que vous soyez en quête de sens, à la recherche d'un nouveau départ ou simplement curieux de comprendre les dynamiques humaines qui mènent au succès, j'espère que ces pages vous aideront à voir « les possibilités infinies qui se trouvent déjà en vous et chez ceux qui vous entourent » 🌈.

💡 Chapitre 1

L'histoire d'un déclic

Je me souviens d'un homme, un jour, qui était venu me voir avec un regard perdu 😔.

Il avait cinquante ans, sortait d'une longue période de chômage et me disait :

« Patrick, je crois que je ne sais rien faire de spécial. Qui voudrait de moi aujourd'hui ? »

Je l'ai regardé.

Cet homme avait vécu, traversé des épreuves, et accumulé une belle histoire.

Je lui ai posé une question simple : « Quelle est la dernière chose que tu as faite qui t'a rendu fier ? » 🤔

Il a réfléchi, puis son visage s'est illuminé ✨.

« Je répare des vieux meubles, parfois. Je les restaure, je leur redonne leur éclat d'autrefois. »

Et c'est là que tout a basculé. « Il ne savait pas qu'il avait un talent. »

Dans cette passion, qu'il n'avait jamais considérée comme une opportunité, se cachait une vraie expertise – une capacité unique à voir le potentiel derrière ce qui semblait usé 🔄.

Quelques mois plus tard, il lançait son activité de restauration de mobilier ancien.

Aujourd'hui, il est l'un des artisans les plus respectés dans son domaine 👏.

🎧 Chapitre 2

L'écoute, clé du succès On dit souvent que pour réussir

Il faut « de la compétence », « du travail » et « de l'ambition ».

Pourtant, au fil de mes expériences, j'ai découvert que « l'une des armes les plus puissantes pour avancer est l'écoute » 👂.

L'écoute véritable, pas celle où l'on attend son tour pour parler, mais celle où l'on cherche à comprendre profondément l'autre 🤝.

Dans mon parcours, j'ai vu des dizaines de commerciaux, restaurateurs et entrepreneurs dotés de talent, mais passant à côté de leur potentiel parce qu'ils ne savaient pas écouter.

Ils présentaient leur produit, leur offre, leur idée, sans jamais poser cette question essentielle : « Qu'est-ce que la personne en face de moi attend vraiment ? » 🤔

Je me rappelle Marc, un jeune commercial rencontré lors d'une formation, il était talentueux et maîtrisait son argumentaire, mais il faisait face à un problème : « il ne vendait rien » 💭.

Je lui ai posé une question simple : « Qu'est-ce que tu écoutes quand tu es en rendez-vous ? » 👉 Il m'a répondu avec assurance : « Je suis concentré sur mon discours, j'explique les avantages, les bénéfices, je montre pourquoi c'est une bonne offre. »

Je lui ai souri et j'ai ajouté : « D'accord, donc tu expliques.

Mais à quel moment écoutes-tu vraiment ce que ton client veut ? » 🤔 Silence. Marc n'avait jamais pensé à cela.

Lors de son prochain rendez-vous, au lieu de dérouler immédiatement son argumentaire, il a posé une question à son client : « Dites-moi, qu'est-ce que vous attendez réellement d'un investissement ? » Et là, quelque chose a changé.

Son interlocuteur s'est mis à parler, exprimant ses besoins, ses doutes, ses attentes. Ce jour-là, Marc a vendu son premier bien immobilier ✨.

🔎 Chapitre 3

Détecter les talents cachés

Nous avons tous un potentiel, mais parfois, il reste invisible 👀.

Parce qu'on ne se l'autorise pas, parce qu'on ne nous l'a jamais révélé ou simplement parce qu'on ne s'est pas posé la bonne question.

Dans ma carrière, j'ai rencontré « des serveurs devenus entrepreneurs », « des vendeurs devenus leaders » et des personnes au chômage qui ont découvert leur véritable vocation 🔥.

Pourquoi ? Parce que, souvent, quelqu'un les a aidés à voir en eux ce qu'ils ne pouvaient pas voir seuls 💡.

Trois clés pour révéler un talent :

1/ Observer les moments où une personne est le plus en confiance 👁️

2/ Écouter les passions cachées dans les conversations 🔥

3/ Encourager l'expérimentation sans pression 🚀

Le talent ne se révèle pas sous la contrainte, mais dans un environnement où il est autorisé à s'exprimer et à se développer 🌱.

🏆 Chapitre 4

L’Engagement et la persévérance : Les vrais moteurs du succès

Le talent seul ne suffit pas.

Il faut du travail, de la discipline et de la persévérance 💪.

Trop souvent, j’ai rencontré des personnes dotées d’un potentiel évident, mais qui, faute d’engagement, n’arrivaient pas à transformer leur talent en véritable réussite.

L’histoire de Sophie :

Sophie était une commerciale brillante.

Elle comprenait ses clients, savait leur parler et les rassurer.

Pourtant, elle était à deux doigts de tout abandonner après quelques mois 😞. « Je n’y arriverai jamais, Patrick, » m’a-t-elle confié.

Je lui ai posé une question simple : « Combien de fois as-tu tenté une nouvelle approche avant de dire que cela ne fonctionne pas ? » ❓

Elle a hésité. Une ou deux fois seulement 🤷.

Alors, je lui ai raconté l’histoire de Thomas Edison, qui a testé près de 10 000 filaments avant de réussir à inventer l’ampoule électrique 💡.

S’il avait abandonné après ses premiers échecs, le monde serait bien différent aujourd’hui !

Sophie a changé sa perspective.

Elle a ajusté ses méthodes, tenté de nouvelles stratégies et écouté avec plus de patience.

Trois mois plus tard, elle était l’une des meilleures vendeuses de son entreprise 🌟.

✨. Chapitre 5

De la restauration à l'immobilier :

Une transition guidée par l'humain

L'apprentissage du monde de la restauration

J'ai commencé dans la restauration très jeune, immergé dans un univers exigeant où l'adaptabilité et le sens du contact étaient essentiels 🍽️.

Être restaurateur, ce n'est pas simplement servir des plats ; c'est comprendre les attentes des clients, gérer la pression et créer une expérience mémorable

Dans ce métier, j'ai appris :

- 🔍 **Le travail sous pression** : gérer des situations imprévues sans perdre son sang-froid.
- 💬 **La communication instinctive** : savoir lire les attentes des gens sans qu'ils aient à les verbaliser.
- 🔍 **Le sens du détail** : anticiper les besoins, offrir une qualité irréprochable.

Ces compétences allaient s'avérer précieuses pour la suite, bien plus que je ne l'imaginais à l'époque.

Le passage à la vente directe

Après des années en restauration, j'ai ressenti le besoin de changement. Je voulais explorer un autre univers, tout en conservant cette approche centrée sur l'humain 😊.

C'est ainsi que je suis entré dans le monde de la vente directe.

Avec Electrolux ou AMC, j'ai découvert une nouvelle manière d'interagir avec les clients :

- 🤔 **Comprendre les besoins avant de vendre**
- 🗣️ **Créer un dialogue, pas un discours figé**
- 🔄 **Adapter son message en fonction de la personne en face**

C'était une transition logique : dans la restauration, un serveur ne vend pas seulement un plat, il offre une expérience 🌟.

Dans la vente directe, on ne propose pas juste un produit, mais une solution adaptée à un besoin réel 🎯.

L'immobilier : l'aboutissement naturel de cette évolution

En rejoignant l'immobilier, j'ai compris que tout ce que j'avais appris pouvait être transposé et amplifié 🏠.

Pourquoi ?

Parce que vendre un bien immobilier, c'est avant tout écouter, comprendre et accompagner une personne dans un projet de vie 🌱.

Les leçons de la restauration et de la vente directe m'ont permis de développer une approche humaine de la transaction immobilière :

- 🤝 Créer une relation de confiance plutôt qu'un simple échange commercial.
- 📖 Raconter une histoire qui donne du sens à l'achat.
- 👥 Mettre le client au centre, et non le produit.

C'est grâce à cette méthode que j'ai pu aider des centaines de personnes à trouver un logement qui correspondait réellement à leur rêve 💖.

Chapitre 6

Les leçons d'une carrière aux multiples facettes

1/ **Chaque expérience est un tremplin**

Ce que j'ai appris dans la restauration m'a aidé dans la vente, et ce que j'ai appris dans la vente m'a propulsé dans l'immobilier. « Tout est connecté » 🔗.

2/ **L'humain est au cœur de toute réussite**

Qu'on serve un repas, qu'on vende une batterie de cuisine ou qu'on propose un bien immobilier, tout repose sur la relation que l'on crée avec les autres 👥.

3/ **La reconversion est une force, pas une faiblesse**

Changer de métier et explorer de nouvelles opportunités signifient s'enrichir et évoluer 🌱.

Conclusion

Il n'y a pas de parcours linéaire, seulement des chemins à explorer 🏔.

Si j'ai un message à transmettre à travers ce livre, c'est que chaque étape de la vie nous prépare à la suivante.

Tout le monde possède un talent caché. La clé, c'est de s'autoriser à le découvrir et de ne jamais cesser d'apprendre et de se réinventer 🚀.

Chapitre 7

De la quête d'excellence à la remise en question : une transition difficile

Dans la restauration, chaque geste doit être précis, chaque détail peaufiné 💎.

Il ne s'agit pas simplement de servir un plat, mais de délivrer une expérience irréprochable, un moment où tout est calculé : goût, présentation, ambiance 🍲 ✨. C'était mon monde, celui de l'exigence, où la maîtrise se mesurait à chaque sourire du client satisfait 😊.

Alors, quand je suis entré dans le monde de la vente directe, je me suis senti perdu 😟.

Pourquoi ?

Parce que, d'un métier régi par la technicité, la rigueur et la perfection, je me retrouvais à devoir parler, convaincre et vendre, avec des méthodes qui semblaient, au début, plus floues et incertaines 🤷.

J'avais l'impression de régresser, de repartir de zéro 🔄.

Les premiers jours étaient lourds ; je me demandais si j'avais sacrifié l'exigence cultivée pendant des années.

Mais je n'avais pas encore compris que le potentiel infini se trouvait là, devant moi, dans cette nouvelle aventure à maîtriser 🚀.

Chapitre 8

Le déclic : voir au-delà des apparences

Il y a eu un moment, une discussion, une observation qui a tout changé 🌟.

Lors d'une session de formation, un mentor nommé Germain m'a posé une question inoubliable :

"Patrick, en restauration, qu'est-ce qui fait la différence entre un bon établissement et un établissement exceptionnel ?"

Sans hésiter, j'ai répondu :

Le relationnel. L'expérience que l'on offre au client. La sincérité du service.
Il a souri 😊.

"Alors pourquoi crois-tu que la vente soit différente ?"

Ce fut une révélation 💡.

La vente directe n'était pas un simple exercice d'argumentaire ; c'était une expérience, une relation, une émotion à partager ❤️.

Tout comme dans un restaurant, il ne s'agissait pas de livrer un produit, mais de comprendre ce dont la personne avait besoin, ce qu'elle recherchait, et ce qui transformerait son quotidien 🔄.

Ce jour-là, j'ai changé mon regard 👀.

J'ai cessé de voir la vente comme une discipline éloignée de mon expertise, et je l'ai envisagée comme une extension de mon talent pour l'humain 🤝.

Et c'est ainsi que j'ai commencé à exceller 🌟.

Chapitre 9

Lier passion et opportunité : le moment où tout bascule

J'ai compris que ma force ne venait pas uniquement de ma capacité à vendre 💪.

Elle se nourrissait de mon approche humaine, de mon écoute et de mon intuition, tout ce que j'avais appris dans la restauration 🍽️.

Je pouvais créer une expérience mémorable, bien au-delà d'un simple acte commercial 🌟.

Dans la vente directe, tout comme en restauration, l'essentiel était l'humain ❤️.

J'ai alors commencé à transmettre cette philosophie, à former les autres et à leur expliquer qu'ils ne vendaient pas un objet, mais une histoire, une solution, un rêve possible 📖 ✨.

C'est cette approche qui m'a guidé jusqu'à l'immobilier, où chaque vente dépassait la transaction pour devenir une promesse de vie meilleure, un futur construit avec le client ⭐.

Chapitre 10

Le message essentiel :

Ne jamais sous-estimer les transitions

Nous craignons souvent de changer 😨, de quitter ce que nous maîtrisons pour explorer un territoire inconnu 🌍.

On pense que l'on régresse, que l'on perd en valeur ⏬.

Mais parfois, ce qui semble être une descente est en réalité une rampe de lancement 🚀.

Si je n'avais pas quitté la restauration, je n'aurais jamais découvert la puissance infinie de l'écoute et de la vente 🎙 💡.

Si je n'étais pas entré dans la vente directe, je n'aurais jamais compris que mon talent était bien plus vaste que je ne le pensais 🌟.

Et si je n'avais pas franchi ces étapes, je n'aurais jamais atteint les sommets de l'immobilier, là où j'ai aidé des centaines de personnes à transformer leur rêve en réalité 🏠✨.

Le message est simple : chaque transition a un sens, même si on ne le comprend pas sur le moment ☑️.

Chapitre 11

Les doutes d'une nouvelle voie : entre frustration et espoir

Quand j'ai quitté la restauration, je pensais avoir perdu quelque chose 😔.

Dans un restaurant, tout est millimétré : la cuisson parfaite, l'agencement des plats, la fluidité du service 🍽️ ⏱️.

Un rythme, un savoir-faire et une maîtrise s'acquièrent avec les années.

Mais dans la vente directe, tout semblait désorganisé, incertain, fragile 😨.

- **Rien n'était garanti** : Parfois, après une longue démonstration, le client repartait sans acheter 🚶.
- **Pas de retour immédiat** : Contrairement à la restauration, où un sourire satisfait prouve que le travail est bien fait 😊.
- **Créer un lien invisible** : Il fallait persuader, insuffler une connexion qui ne se matérialisait pas tout de suite 🔗.

Je me suis souvent demandé :

Ai-je fait une erreur ? 😱

J'avais l'impression de naviguer à l'aveugle, sans cadre défini 🎯.

Ce que je n'avais pas encore compris, c'est que chaque métier a ses propres codes, et que ceux de la vente se révèlent avec le temps ⏳.

Chapitre 12

🏆 L'art de la persuasion sans manipulation

Dans la vente directe, il y a une subtilité que peu de gens maîtrisent : **persuader sans manipuler**.

Je détestais l'idée d'être un vendeur insistant, de pousser les gens à acheter sous pression ❌.

Mais j'ai compris que **convaincre, ce n'est pas forcer quelqu'un à dire oui**.

C'est **lui montrer que son choix s'aligne avec ses attentes profondes**.

💡 **Nous présentons, nous ne vendons pas.**

Le client **achète par lui-même**, lorsqu'il reconnaît la valeur de l'offre.

🎯 **Les 4 règles essentielles de la persuasion naturelle**

☑️ **Écouter avant de parler**

Ne pas imposer une solution sans **comprendre profondément** ce que la personne recherche 🤝.

📖 **Créer une histoire autour du produit**

Ne pas se limiter à une simple présentation technique.

Chaque produit doit **raconter une histoire** qui fait écho aux besoins du client 🏡✨.

🔄 **Transformer l'acte d'achat en une décision qui a du sens**

L'achat n'est pas une transaction froide.

C'est **une solution à un besoin**, une réponse à un désir ou une évolution logique 💡.

🚪 **Savoir quand se retirer** Ne pas vendre à tout prix.

Laisser le client réfléchir, se projeter et **prendre sa propre décision** 🧘.

🤝 **Une approche basée sur l'humain**

Ce qui m'a aidé à exceller dans ce domaine, c'est **ma vision centrée sur l'humain**.

J'ai remplacé les discours répétitifs par **de véritables conversations sincères**, où l'écoute et la compréhension sont les clés 🔑.

Et j'ai découvert que **les ventes devenaient naturelles**, car elles naissaient d'une **relation de confiance** plutôt que d'une pression commerciale.

La vraie persuasion **ne pousse pas**, elle **révèle** le bon choix au client 🚀.

L'art de la persuasion sans manipulation

Dans la vente directe, il existe une subtilité que peu maîtrisent : persuader sans manipuler 🤝.

Je détestais l'idée d'être un vendeur insistant, poussant les gens à acheter sous pression 🚫.

Mais j'ai fini par comprendre que convaincre, ce n'est pas forcer quelqu'un à dire oui, c'est lui montrer que le choix s'aligne avec ses attentes profondes 🎯.

Nous présentons, nous ne vendons pas : c'est le client qui achète naturellement 🛒.

Les trois règles que j'ai découvertes :

- 🎧 **Écouter** les besoins avant de parler – ne pas imposer une solution sans comprendre ce que la personne recherche réellement.
- 📖 **Créer une histoire** autour du produit.
- ☑ **Transformer l'acte d'achat** en une décision qui a du sens.
- ▮ **Savoir quand se retirer** – ne pas vendre à tout prix, mais laisser au client la liberté de se projeter.

Mon approche basée sur l'humain a remplacé les discours répétitifs par des conversations sincères, rendant les ventes naturelles et authentiques 💬.

Chapitre 13

Le passage à l’immobilier : enfin, la maîtrise de toutes ces compétences

À force de perfectionner mon approche, j’ai compris que la vente directe était un terrain d’apprentissage précieux 🏫.

- 🔗 C’est en entrant dans l’immobilier que tout s’est connecté.
- 🎯 J’avais acquis l’exigence et la rigueur de la restauration, me permettant d’offrir un service impeccable.
- 👂 J’avais appris l’écoute et la persuasion naturelle de la vente directe, créant un lien fort avec mes clients.
- 🏠 Et maintenant, dans l’immobilier, je pouvais appliquer ces savoirs à un domaine où chaque décision impacte une vie entière.

Vendre une maison, ce n’est pas vendre un objet, c’est proposer un projet de vie, un rêve, un futur où la personne s’épanouit ✨.

J’ai créé ma propre méthode, alliant bon sens, approche humaine et émotion, pour transformer chaque visite en une vente réussie 💼.

Chapitre 14

« Les Senioriales » :

L'apogée d'une philosophie et d'un concept

Lorsqu'on m'a donné l'opportunité de participer à la création du concept immobilier pour les jeunes retraités – représentant 70 % de mes ventes en immobilier traditionnel – j'ai réalisé que ces clients cherchaient avant tout le soleil du sud, des maisons de plain-pied, sans souci d'entretien, et proches des commerces 🌞 🏡.

C'est ainsi que le concept « **Les Senioriales** » a vu le jour ✨.

En tant que membre fondateur, j'ai compris que tout ce que j'avais appris pouvait servir un projet bien plus grand.

Créer ce concept, ce n'était pas simplement vendre des maisons, c'était proposer une qualité de vie, un cadre pensé pour le bien-être, une nouvelle manière d'aborder la retraite 🌿 ❤️.

Quand la première résidence a vu le jour à Perpignan, nous ignorions qu'en quelques années, plus de 35 résidences se concrétiseraient.

Je tiens à rendre hommage à Henry Charboneil, adjoint à la mairie de Perpignan, rencontré lors d'un vernissage de peinture 🎨, qui m'a proposé un terrain au moyen Vernet, « quartier nord ». Dès le lundi suivant, avec mes partenaires, nous avons présenté la solution pour réaliser la première résidence – une opportunité rare, car c'était la seule option disponible pour lancer le concept.

Malgré les oppositions liées à la réputation du quartier, j'ai mis en avant les atouts essentiels : la proximité des centres médicaux, du centre-ville, de l'environnement rural, et la situation à seulement 20 minutes à pied du centre de Perpignan 🚶.

Sans tout cela, **Les Senioriales** n'auraient jamais vu le jour, je peux vous dire que lors de notre comité de direction (familial) il m'a fallu tout mon sens de persuasion basé sur le bon sens en rappelant les fondamentaux du concept.

Merci, Henry 🙏.

Une magnifique aventure :

La première année du lancement commercial, j'ai parcouru la France pour rencontrer des prospects et prendre des réservations 🚐.

Face à l’attrait national du concept et à son impact publicitaire, il a fallu former des équipes de vendeurs – non pas comme de simples commerciaux, mais comme de véritables conseillers capables de raconter une histoire 🗣.

J’ai mis en place une méthode permettant à des personnes sans expérience immobilière d’exceller en appliquant des principes humains.

J’ai rencontré de grandes difficultés pour constituer une force de vente, car les professionnels de l’immobilier spécialisés en défiscalisation peinaient à vendre « **Les Senioriales** » la prise de décision des jeunes retraités étant bien différente de celle d’un prospect en quête d’optimisation fiscale 💼.

Lors de réunions de recrutement dans les principales villes de France, seuls restaient dans la salle des candidats – souvent des chômeurs de plus de 50 ans en fin de droit – qui répondaient avec enthousiasme à la question : « Est-ce que le concept vous plaît ? » la réponse était OUI ! le problème nous n’avons jamais vendu de l’immobilier ! J’ai écouté ces personnes qui avaient pris le temps de venir à cette cession de recrutement, il était important pour moi de savoir d’où ils venaient qu’elles étaient leurs expériences afin de découvrir leur niveau de motivation.

C’est ainsi que leur est proposé une solution ! j’ai dit « Si je vous propose de raconter une histoire de vous écrire une méthode, comme une pièce de théâtre, expliquer le concept « comment acheter une « Senioriales » c’est simple !

Alors, on commence quand ?

Conscients de leur manque de familiarité avec l’immobilier et la vente, j’ai décidé de les accompagner dans le défi de se former pour devenir de véritables conseillers de la marque 🙌 qui avant de parler d’un concept novateur, une nouvelle façon de vivre une retraite au soleil du sud, ils mettaient en avant les atouts de la région.

Avec plus de 50 commerciaux sur le terrain, ma méthode de formation était basée sur une immersion totale auprès des prospects, en effectuant des présentations à domicile pour capturer le contexte de vie réel 🏠.

Après une année de terrain et de premières réservations, j’ai pu affiner le concept en identifiant les objections et en y apportant des réponses rationnelles et pertinentes.

Le résultat ? Comme par magie, chaque démonstration se transformait en réservation ✨, avec des commerciaux découvrant comment adapter leur présentation en fonction du lieu et des personnes :

- Des commerciaux qui vendaient avec sincérité et conviction.
- Des clients trouvant une réponse à leur besoin réel.
- **Une marque devenue une référence sur le marché ★.**

Chapitre 15

L'avenir et la transmission – Que reste-t-il à accomplir ?

Après un parcours jalonné d'apprentissages, d'échecs et de succès, une vérité se dessine avec clarté : Rien n'est jamais figé.

Chaque expérience vécue, chaque défi relevé, chaque connaissance acquise contribue à construire une vision qui ne cesse d'évoluer. Nous sommes toujours en mouvement, et ce mouvement doit être mis au service de ceux qui nous entourent.

La transmission n'est pas un choix, elle est un devoir.

- Une idée peut éveiller une vocation.
- Une expérience partagée peut éviter une erreur à quelqu'un d'autre.
- Une vision inspirante peut faire naître une nouvelle ambition.

> Chacun de nous a une richesse intérieure à offrir, et le véritable accomplissement réside dans la manière dont nous la partageons.

Ce que nous transmettons va bien au-delà des mots

Lorsque l'on parle de transmission, il ne s'agit pas uniquement de savoir ou de technique. Nous transmettons bien plus que cela :

- Une manière de penser
- Un état d'esprit tourné vers l'évolution
- Un modèle qui pousse les autres à voir plus grand

Dans chaque domaine que j'ai exploré, il n'a jamais été question de simplement "faire" ou "réussir". Il s'agissait toujours d'apprendre et de transmettre pour que d'autres puissent avancer à leur tour.

Un parcours de vie, lorsqu'il est partagé, devient un levier de transformation collective.

Encourager chacun à révéler son talent caché

🚀 Si ce livre peut aider ne serait-ce qu'une seule personne à voir plus grand, à prendre conscience de son potentiel, alors il aura rempli sa mission.

✔️ Nous avons tous un talent caché, une force unique qui ne demande qu'à être révélée.

✔️ Le frein le plus puissant n'est jamais le manque de capacité, mais le manque de confiance.

✔️ L'audace de croire en soi transforme un simple rêve en réalité tangible.

📌 La clé n'est pas seulement dans ce que nous savons, mais dans la manière dont nous choisissons de l'appliquer et de le partager.> Parce qu'une seule idée bien transmise peut changer une trajectoire entière.

🔑 La volonté incessante d'apprendre : un moteur d'évolution

📖 Apprendre ne s'arrête jamais.

✔️ Chaque succès est une étape, pas une finalité.

✔️ Chaque échec est une leçon, pas une impasse.

🔄 La transmission passe aussi par notre propre évolution.

💡 Ce que nous découvrons aujourd'hui servira à éclairer demain ceux qui croiseront notre chemin.

📌 Rien n'est jamais figé, car notre croissance dépend de notre capacité à rester curieux, ouverts et prêts à apprendre encore.

🌟 Que reste-t-il à accomplir ?

🌟 Que faire de tout ce chemin parcouru ?

✔️ Continuer à bâtir.

✔️ Continuer à transmettre.

✔️ Continuer à inspirer ceux qui cherchent encore leur propre voie.

🚀 Nous avons tous un rôle à jouer dans cette immense chaîne de progression. > Alors aujourd'hui, quelle idée, quelle expérience, quelle vision peux-tu partager pour inspirer une personne à avancer ?

Parce qu'au final, ce qui fait une vie accomplie n'est pas ce que l'on garde, mais ce que l'on offre.

Chapitre 16

Accepter l'inattendu : la magie des chemins non tracés

Si j'ai appris une chose au cours de mon parcours, c'est que les détours sont souvent les plus belles opportunités ✨ 🛤.

Le plan en 3 étapes pour concrétiser ta transformation

1/ Définir un objectif clair • 🎯 Qu'est-ce que tu veux réaliser précisément dans les 6 prochains mois ? • 🏁 Quelle est la première action concrète que tu peux entreprendre aujourd'hui ?

2/ S'entourer des bonnes personnes • 🤝 Qui peut t'aider, t'inspirer, te conseiller ? • 🔗 Quel réseau ou mentor peux-tu contacter ?

3/ Fixer un premier jalon mesurable • ⚖️ Pas besoin d'avoir tout prévu. • 🚶 Faire un premier pas, mesurer, ajuster.

> La réussite est une série de petites actions bien pensées, répétées jour après jour 🔄.

Chapitre 17

L'avenir se construit maintenant

Si ce livre devait laisser un seul message, ce serait celui-ci :

Le pouvoir du changement est entre tes mains.

Tu as toujours plus de potentiel que tu ne le crois.

Beaucoup sous-estiment leurs capacités simplement parce qu'ils n'ont pas encore eu l'occasion de les révéler.

Le talent ne se mesure pas uniquement à ce que l'on sait faire aujourd'hui, mais à ce que l'on peut apprendre et développer demain.

Chaque personne possède une énergie, une vision, une capacité d'adaptation qui peuvent transformer son parcours.

Chaque expérience de ton passé peut être transformée en opportunité.

Tes réussites, mais aussi tes échecs, sont des briques qui construisent ton avenir.

Ce que tu considérais hier comme une difficulté peut devenir aujourd'hui un levier pour rebondir.

Chaque étape, chaque apprentissage, chaque moment vécu est une ressource précieuse qui, utilisée correctement, devient un atout.

Rien n'est perdu, tout peut servir.

Le seul facteur qui détermine si tu avances ou non est l'action que tu prends aujourd'hui.

Le futur n'attend pas. Chaque choix que tu fais maintenant conditionne la personne que tu seras demain.

L'action est la clé.

Il ne s'agit pas d'avoir toutes les réponses immédiatement, mais de faire le premier pas, même imparfait, même hésitant.

L'immobilisme est le véritable ennemi du progrès.

Ceux qui réussissent ne sont pas ceux qui attendent le moment parfait, mais ceux qui avancent malgré l'incertitude.

💡 **Alors, quelle sera ta prochaine action ?**

Tu n'as pas besoin d'un plan millimétré, juste d'un premier pas. Commence petit.

Agis maintenant. Ajuste en chemin.

Parce que l'avenir **ne se prédit pas**, il **se construit**.

Et tout commence **ici, maintenant**. ✨

Chapitre 18

Devenir un mentor – Transmettre sans imposer

Tout au long de ma carrière, j'ai compris une chose essentielle : on n'élève pas les autres en leur donnant des ordres, mais en leur donnant des clés 🔑.

Un bon mentor n'est pas celui qui impose une méthode rigide, mais celui qui permet à chaque individu de révéler sa propre force intérieure.

1/ Écouter avant de guider • 👂 Un mentor efficace ne commence jamais par dire "Voilà ce que tu dois faire", il commence par demander : - "Qu'est-ce qui te freine ? Qu'est-ce qui t'anime ?" • 🔍 Avant d'orienter quelqu'un, il faut comprendre où il en est, quelles sont ses peurs, ses ambitions et son énergie du moment.

2/ Enseigner par l'exemple, pas par le discours • 💪 Les meilleurs leaders ne parlent pas, ils incarnent leur philosophie. • 🎯 Un mentor ne doit pas dire aux autres quoi faire, mais montrer ce que l'on peut accomplir. • 📢 L'action parle plus fort que les conseils.

3/ Adapter son enseignement à chaque personne • 🌱 Chaque individu apprend différemment : certains ont besoin d'encouragement, d'autres de défis, certains progressent par l'action, d'autres par la réflexion. • 🔄 Un mentor observe et ajuste – il donne les bonnes clés aux bonnes personnes, au bon moment. • ✨ Un véritable mentor ne cherche pas à façonner des clones, mais à libérer des personnalités et des talents uniques.

Chapitre 19

Inspirer l'action – De la théorie à la mise en mouvement

• ❌ Beaucoup de personnes connaissent les théories du succès. Peu passent à l'action. Pourquoi ? • 🦁 Parce que l'action demande du courage, alors que la réflexion seule procure un confort mental. • 🔄 La transition entre "je sais ce que je dois faire" et "je commence aujourd'hui" est le vrai défi.

Comment aider quelqu'un à passer de l'idée à l'action ? • 🚫 Supprimer l'excuse "Je ne suis pas prêt" – personne n'est prêt à 100 % pour un changement. • 😨 Ce qui bloque, ce n'est jamais le manque d'informations, mais la peur de l'échec.

Action : • ☑ Trouver une première étape accessible et l'accomplir dès aujourd'hui. • 🎉 Montrer qu'une petite victoire change tout – il suffit d'un premier succès pour enclencher la dynamique. • 💥 Quand quelqu'un réalise qu'il peut obtenir un résultat, il change totalement son rapport à l'effort.

Action : • 🎯 Se fixer un objectif simple, mesurable et rapide à atteindre. • ⚡ Insuffler l'énergie de la progression – l'action crée de l'énergie, et non l'inverse. • 🚀 Plus on agit, plus on génère du mouvement et de la confiance en soi.

Action : • 🔄 **Remplacer le doute par l'action, même imparfaite.** *Le mentorat ne consiste pas seulement à inspirer ; il consiste à provoquer la mise en mouvement.*

Chapitre 20

Le leadership basé sur le bon sens

Il existe une idée fausse sur le leadership : beaucoup pensent qu'il faut être exceptionnel, charismatique ou doté d'une intelligence hors norme 🤔.

La vérité est toute autre : les meilleurs leaders sont ceux qui appliquent des principes simples avec constance et authenticité.

Les 3 piliers du leadership basé sur le bon sens :

- 🔄 Être cohérent avec soi-même

On ne peut pas inspirer si on est en contradiction avec ses propres valeurs.

- ✨ Avoir une vision claire et l'incarner

Un vrai leader ne parle pas en théorie, il montre chaque jour où il veut aller et pourquoi cela a du sens.

- 🛠️ Donner aux autres les outils pour exceller

Un grand leader ne cherche pas à briller lui-même, il veut que son équipe, son entourage, ses élèves réussissent également.

Les meilleurs mentors et leaders posent des questions qui transforment la manière de penser.

✨ Chapitre 21

Conclusion – Le vrai succès est dans la transmission

Ce livre est bien plus qu'une histoire personnelle. C'est une philosophie de vie, une invitation à voir les choses autrement, à comprendre que la réussite ne se limite pas à ce que l'on accomplit pour soi, mais à ce que l'on laisse derrière soi et aux vies que l'on impacte.

💡 La réussite : une question d'état d'esprit et d'action

Le succès ne vient pas seulement d'une accumulation de connaissances ou de compétences. Il repose sur trois piliers fondamentaux qui forment la base d'un accomplissement profond et durable :

- ✨ Tout le monde a un talent caché. → Chacun possède une capacité unique, souvent sous-estimée ou ignorée. Il suffit parfois d'un déclic, d'un changement de perspective ou d'une rencontre pour le révéler et l'exploiter pleinement.
- 🛠 La réussite est une question d'état d'esprit et d'action. → Elle ne dépend pas de circonstances idéales, mais de la manière dont on transforme chaque situation en opportunité. Un bon état d'esprit permet de tirer parti de ses forces, d'affronter les défis et de progresser avec résilience.
- 👂 L'écoute, l'engagement et le bon sens sont les clés du succès. → Savoir écouter les autres, comprendre leurs besoins, apprendre à ajuster son approche et rester fidèle à ses valeurs. Ce sont ces éléments qui permettent de bâtir un héritage solide et d'inspirer durablement.

🔄 Il n'existe pas de parcours parfait

La réussite n'est jamais linéaire. Elle est faite de transitions, de détours, de moments d'incertitude où l'on doute, où l'on se demande si l'on a fait les bons choix.

- 🚫 Aucun parcours n'est parfait. → Il est inutile de chercher la perfection absolue, car elle n'existe pas. Chaque expérience, même difficile, est une pièce du puzzle qui constitue notre évolution.
- 🔄 Il n'y a que des opportunités à explorer. → Le succès vient de l'attitude que l'on adopte face aux situations. Certaines personnes voient des obstacles, d'autres perçoivent des tremplins pour avancer et se réinventer.
- ⏫ Chaque transition, même difficile, peut se transformer en tremplin. → Un changement, même inconfortable, est toujours une opportunité

déguisée. Ce qui semble être une perte peut être le début d'une nouvelle aventure, un renouveau qui mène à une évolution encore plus grande.

💥 La transmission : un succès qui dépasse notre propre vie

Nous passons notre existence à apprendre, à évoluer, à nous améliorer. Mais quelle valeur ont ces expériences si elles ne sont pas partagées ?

Le véritable succès ne se mesure pas aux titres obtenus ou aux chiffres accumulés. Il se mesure à l'impact que l'on laisse sur les autres.

À la vision que l'on transmet.

Aux valeurs qui continuent à exister bien après nous.

💡 Ce qui fait une vie réussie, ce n'est pas seulement ce que l'on atteint, mais ce que l'on transmet.

Un entrepreneur qui inspire ses collaborateurs, un mentor qui aide quelqu'un à voir son propre potentiel, un écrivain qui partage une idée qui transforme la réflexion d'une personne…

Tout cela, c'est la véritable réussite.

Un héritage durable ne disparaît pas.

Il continue de vivre, de se propager, et d'influencer positivement le monde bien après que nous avons quitté la scène.

🚀 L'appel à l'action :

Quelle sera la tienne aujourd'hui ?

La connaissance, la réflexion, l'apprentissage sont essentiels.

Mais tout repose sur l'action. Sans décision, sans mouvement, sans courage, rien ne se passe.

Alors, maintenant que ces idées ont pris forme en toi, que vas-tu faire aujourd'hui ?

- 🎯 Comment appliquer dès maintenant un principe que tu as découvert ici ?
- 🛠️ Quelle étape concrète peux-tu mettre en place pour avancer ?

- 🚀 Quelles connaissances peux-tu transmettre à ton entourage pour les aider à progresser ?

Chaque petit pas compte.

Tout commence ici. Maintenant.

Pas demain. Pas plus tard.

Maintenant.

💥 Alors, quelle sera ta prochaine action ?

Travailler sur soi ! La personne la plus importante c'est toi !

Cette prise de conscience est primordiale pour ton évolution, elle aura un impact sur ta vie en général, si tu te transforme sur le plan professionnel avec réussite c'est parce que tu auras mis toute ta volonté et ton cœur et là ! on ne triche pas.

Chapitre 22

Se saluer soi-même – L'art de commencer la journée avec puissance

Chaque matin, nous exécutons des gestes automatiques :

• ⏰ Se lever, • 🛁 Se préparer, • ☕ Boire un café, • 🚶 Partir travailler…

Mais combien prennent le temps de réellement s'accueillir ? • 🤗

Se dire bonjour à soi-même. • 🪞 Se souhaiter une excellente journée. • 💖 Se rappeler que l'on mérite d'être bien.

Pourquoi est-ce important ? • 💭 Parce qu'on projette sur les autres ce que l'on ressent en soi. • 🧘 Parce que si on ne se respecte pas, on ne pourra jamais véritablement valoriser une relation, un projet, un engagement. • 💫 Parce que ce petit geste change tout : il met une intention positive dès le début de la journée.

Une pratique simple, mais puissante :

Dès le réveil, se regarder et prononcer à voix haute : • 👋 "Bonjour, moi." • 🌟 "Aujourd'hui sera une belle journée." • 💪 "Je mérite de vivre pleinement cette journée." • ❤️ "Je m'aime et je suis capable de grandes choses." Cela prend 30 secondes, mais ce simple rituel façonne l'énergie de la journée.

Exemple : Les sportifs de haut niveau qu'est qu'ils font pour atteindre leurs objectifs ? Ils se préparent physiquement, mentalement, ils s'entrainent durement, **ATTITUDE**

Chapitre 23

L’amour de soi avant l’amour des autres

Dans un monde où l’on cherche souvent la validation extérieure, il est facile d’oublier la source première de l’estime et de la confiance : soi-même.

Trop souvent, nous attendons l’approbation des autres avant de nous accorder de la valeur.

Mais comment aimer sincèrement quelqu’un, un projet ou une ambition si l’on ne s’aime pas soi-même ?

La clé : s’aimer pour mieux s’épanouir

Beaucoup de gens recherchent la reconnaissance extérieure :

- Être apprécié par leurs proches ou collègues.
- Être validé dans leurs décisions et leurs ambitions.
- Être aimé, en pensant que cet amour viendra combler une insécurité intérieure.

Mais le véritable amour – que ce soit celui qu’on donne ou celui qu’on reçoit – ne peut être profond et authentique que lorsque l’on se respecte soi-même.

Pourquoi l’amour de soi transforme tout ?

1. Respecter ses propres idées, c’est inspirer le respect des autres. > Une personne qui affirme ses valeurs, qui croit en ses choix et qui les défend crée naturellement du respect autour d’elle.

Elle n’a pas besoin de forcer l’adhésion : sa confiance et son assurance parlent d’elles-mêmes.

2. Valoriser ses actions amplifie leur impact. > Quand tu prends conscience de la valeur de ce que tu fais, tu insuffles une énergie positive dans chaque projet que tu mènes.

Les autres le ressentent et s’y connectent, car ce qui est fait avec conviction résonne plus fortement.

3. Croire en soi donne envie aux autres de croire en toi. > L’assurance **est contagieuse**.

Une personne qui croit profondément en elle-même inspire automatiquement confiance.

Elle devient une référence, un modèle, et attire les bonnes personnes, les bonnes opportunités.

💡 Prendre soin de soi : une nécessité, pas un luxe

🧘 Se donner du temps, de la bienveillance et de l'écoute est la première étape vers une vie épanouie.

Trop souvent, nous accordons notre énergie aux autres sans nous en offrir à nous-mêmes.

Pourtant, c'est en étant bien avec soi que l'on peut réellement donner aux autres.

Prendre soin de soi n'est pas de l'égocentrisme. > C'est une responsabilité. >

C'est le socle sur lequel repose tout équilibre personnel et relationnel.

✨ S'aimer soi-même, c'est créer un cercle vertueux où l'on peut grandir, inspirer et construire des relations sincères et profondes.

Alors, que peux-tu faire dès aujourd'hui pour mieux t'aimer, te respecter et développer cette force intérieure qui te permettra d'avancer ? 🚀

Chapitre 24

Aimer son métier – Une question de perception

Le travail occupe une grande partie de notre vie. Pourtant, nombreux sont ceux qui se lèvent chaque matin avec une énergie lourde, un manque d'enthousiasme, et une impression d'être enfermés dans une routine vide de sens. Pourquoi ? Parce qu'ils ont perdu la connexion avec ce qui les a poussés vers ce métier au départ.

Retrouver du sens dans son activité professionnelle

1/ Revenir à la raison profonde du choix de ce métier Chaque personne a, à un moment donné, pris une décision professionnelle basée sur un besoin, une aspiration ou une opportunité. Reconnecter avec cette raison initiale permet souvent de retrouver du sens à son engagement quotidien.

La question à se poser : *Pourquoi ai-je choisi cette voie au départ ? Qu'est-ce qui m'animait à ce moment-là ?*

2/ Réajuster ses attentes et ses objectifs Il arrive que nos ambitions évoluent et que notre métier ne semble plus en adéquation avec notre vision actuelle. Au lieu de considérer cela comme un blocage, pourquoi ne pas le voir comme une opportunité de réajustement ?

- Peut-être faut-il revoir la manière dont on exerce notre métier ?
- Peut-être existe-t-il des évolutions ou des projets qui pourraient nous redonner de l'enthousiasme ?

3️⃣ Comprendre que l'épanouissement ne dépend pas du titre du poste, mais de la manière dont on l'aborde Il ne s'agit pas simplement du poste occupé, mais de ce qu'on en fait. Deux personnes peuvent avoir le même emploi, mais vivre des expériences totalement différentes, simplement parce que l'une met du sens dans son travail et l'autre le subit.

- Comment puis-je intégrer davantage de valeur et d'impact dans mon quotidien professionnel ?
- Quelles actions peuvent me permettre de voir mon travail sous un angle plus motivant.

🫣 Une réflexion à faire chaque jour

📜 **Qu'est-ce que je peux apporter à travers mon travail ? Le travail n'est pas une simple exécution de tâches** – il est une **occasion d'apporter quelque chose.**

Que ce soit du service, de la créativité ou du changement, **chaque métier a une utilité réelle.**

🔄 **Comment puis-je transformer mon quotidien pour qu'il soit plus aligné avec moi ?** Parfois, **les ajustements ne nécessitent pas de changer de métier, mais simplement d'y insuffler une nouvelle dynamique.**

- **Changer sa méthode de travail.**
- **Trouver de nouveaux défis internes.**
- **Prendre du recul pour voir son rôle sous un angle plus large.**

⏳ **Si demain je devais tout recommencer, quel serait mon critère principal pour choisir un métier ?** > Pose-toi cette question non pas pour regretter, mais pour comprendre **les valeurs qui te motivent réellement.**

🪞 **Chaque soir, en rentrant chez toi, demande-toi :**

- **Ai-je fait tout ce qui était en mon pouvoir pour atteindre mes objectifs ?**
- **Ai-je passé une belle journée ?**

💥 Aimer son métier ne signifie pas rester passif

Trop souvent, nous pensons que l'engagement dans un métier se limite à l'exécution. Pourtant, ce qui fait la différence, c'est l'état d'esprit avec lequel on l'exerce.

💡 Aimer son métier, ce n'est pas attendre qu'il nous apporte du plaisir automatiquement. C'est décider de lui en donner.

- 🚀 Apporte ta vision, tes idées et ton énergie à ton travail.
- 🔥 Cherche à évoluer et à transformer ce qui peut être optimisé.
- 🤝 Crée des connexions inspirantes avec les personnes qui t'entourent.

Aimer son métier n'est pas une chance, c'est une décision. Alors, que peux-tu faire aujourd'hui pour redonner du sens à ton activité professionnelle ? ✨

Chapitre 25

Réaligner son énergie et son environnement

Si chaque matin on se souhaite une belle journée, mais que l'on se retrouve dans un environnement toxique, que faire ?

L'amour de soi implique aussi d'oser faire du tri.

Identifier ce qui nous alourdit • ❓

Quelles sont les habitudes, les pensées ou les influences qui nous empêchent d'avancer ? • 💤

Quels sont les éléments qui nous fatiguent au lieu de nous nourrir ?

Oser ajuster son cadre de vie • 🔄

Parfois, il faut modifier son entourage. • 🔧

Parfois, il faut changer une routine qui ne nous sert plus. • 🚫

Parfois, il faut dire non aux relations ou aux environnements qui nous tirent vers le bas. • 👋

Se respecter, c'est aussi prendre des décisions courageuses pour s'aligner avec ce qui nous fait du bien.

Chapitre 26

Aimer son métier – Une question de perception

• Si on se lève chaque matin avec une énergie lourde, sans enthousiasme pour son travail, comment retrouver du sens ? • 🔍

Revenir à la raison profonde du choix de ce métier. • 🎯

Réajuster ses attentes et ses objectifs. •

Comprendre que l'épanouissement n'est pas lié à l'intitulé du poste, mais à la manière dont on décide de l'aborder.

Quelques réflexions à poser : • 🤔

Qu'est-ce que je peux apporter à travers mon travail ? • 🔄

Comment puis-je transformer mon quotidien pour qu'il soit plus aligné avec moi ? • 🔄

Si demain je devais tout recommencer, quel serait mon critère principal pour choisir un métier ? •

Le soir, en rentrant chez toi, il faut se poser la question :

"Est-ce que j'ai tout fait aujourd'hui pour atteindre mes objectifs du mois ?" • 😊

Ai-je passé une belle journée ?

> Aimer son métier ne veut pas dire rester passif. Cela signifie avoir la volonté d'y insuffler sa propre valeur.

Chapitre 27

Le vrai filon du succès – L'intention

Le succès n'est pas un mystère insondable ni un privilège réservé à quelques élus.

Il découle d'un élément fondamental, souvent sous-estimé :

L'intention à mettre dans chaque action.

🎯 Tout repose sur l'intention que l'on met dans chaque action

Chaque geste, chaque parole, chaque décision porte en elle une énergie. Ce n'est pas ce que l'on fait qui crée une différence, mais la manière dont on le fait.

Avoir une intention claire transforme une action banale en levier puissant.

- Un sourire donné avec sincérité peut illuminer la journée de quelqu'un 😊.
- Une tâche répétitive exécutée avec soin peut améliorer un processus et mener à une opportunité inattendue ⚙️.
- Un simple encouragement peut inspirer une transformation chez une personne 🎤.

Lorsque l'intention est alignée avec nos valeurs, chaque action prend du sens et devient un élément de notre réussite.

🤝 Respecter son propre engagement envers soi-même

Nous donnons souvent toute notre énergie aux autres mais à quel moment nous en accordons-nous à nous-mêmes ?

💡 S'autoriser à se respecter, c'est reconnaître sa propre valeur.

- 🧘 Prendre soin de soi physiquement et mentalement, sans culpabiliser.
- 🎯 Fixer des limites claires dans nos interactions et nos engagements.
- 🔄 Ne pas s'oublier en cherchant uniquement à répondre aux attentes des autres.

L'intention derrière le respect de soi conditionne notre réussite. Une personne qui s'écoute et s'honore sera plus forte, plus inspirante et plus capable d'accompagner les autres.

🗣️ Offrir écoute et sincérité dans chaque relation

Les relations humaines ne sont pas qu'une accumulation d'échanges. Ce qui fait la différence, c'est l'intention derrière ces échanges.

- 👂 Écouter vraiment au lieu de simplement attendre son tour pour parler.
- 🤝 Être présent et engagé dans les conversations, avec sincérité.
- 💡 Donner sans arrière-pensée : un conseil, un encouragement, un soutien.

Une relation nourrie par une intention authentique apporte plus de valeur, crée des liens plus solides et génère un impact durable.

💪 Choisir le bon sens et le courage à chaque étape

Chaque décision, petite ou grande, façonne notre parcours. Ce n'est pas la difficulté du choix qui compte, mais la justesse de l'intention derrière ce choix.

💧 Faire preuve de bon sens, c'est éviter la précipitation et les actions dictées par l'émotion. 💡 Faire preuve de courage, c'est oser ce qui semble incertain mais qui est en réalité une opportunité de croissance.

> Le succès est la conséquence naturelle des choix faits avec conviction et intelligence.

📌 La simplicité avant tout : revenir aux principes essentiels

Nous vivons dans un monde qui adore compliquer les choses, qui fait croire que le succès nécessite des stratégies complexes, des techniques sophistiquées ou des ressources infinies.

Mais en réalité, **ce qui fonctionne vraiment repose sur des principes simples** :

- **Faire les choses bien.**
- Être constant.
- Ne jamais perdre de vue l'essentiel.

🌞 Là où certains cherchent midi à quatorze heures, il suffit parfois de regarder ce qui est évident et de l'appliquer avec détermination.

Pourquoi chercher des solutions compliquées alors que les meilleures sont souvent juste devant nous ?

🚀 Quelle intention peux-tu choisir aujourd'hui ?

Si l'intention est le fil conducteur du succès, alors quelle intention vas-tu insuffler dans tes actions aujourd'hui ?

- 🤔 Vas-tu décider d'agir avec plus de clarté et de détermination ?
- 💬 Vas-tu accorder plus d'écoute et de sincérité à tes échanges ?
- 🔥 Vas-tu choisir le bon sens et le courage plutôt que l'hésitation et le doute ?

Chaque réponse façonne la réalité que nous vivons. Alors, quelle sera ton intention aujourd'hui ? ✨

🚀 Chapitre 28 :

La puissance des choix quotidiens

Nous avons tendance à croire que les grandes décisions sont celles qui changent une vie : un déménagement, un changement de carrière, un engagement important. Mais la réalité est bien plus subtile : ce sont les petites décisions répétées qui façonnent notre avenir, celles que nous prenons chaque jour, presque sans y penser. 🔄

> Le succès n'est pas un coup de chance, mais une accumulation de petites actions bien pensées.

🌟 Les microdécisions : le moteur caché du succès

Chaque journée est jalonnée d'un nombre incroyable de petits choix, souvent anodins en apparence, mais qui conditionnent la direction de notre vie.

- 🎧 Choisir d'écouter au lieu de répondre immédiatement → Pourquoi ? Parce que l'écoute active nous permet de mieux comprendre notre interlocuteur, d'ajuster nos réponses et d'établir des relations plus sincères et solides.
- 💬 Choisir de bien s'exprimer plutôt que de parler sous l'impulsion de l'émotion → Pourquoi ? Parce qu'une parole réfléchie évite bien des conflits et ouvre la voie à une communication plus efficace et respectueuse.
- 📅 Choisir de prendre cinq minutes pour organiser sa journée au lieu de se jeter dedans sans réflexion → Pourquoi ? Parce qu'une journée structurée, même légèrement, augmente notre productivité et réduit notre stress.
- 📝 Choisir de noter ses idées au lieu de les laisser s'évanouir → Pourquoi ? Parce que les meilleures inspirations surgissent souvent au moment où l'on s'y attend le moins. Les capter, c'est s'assurer de ne pas passer à côté d'une opportunité.

Chaque petite décision influence la suivante, créant un engrenage qui nous pousse soit vers la stagnation, soit vers la progression. 🚀

💡 L'effet cumulatif des choix quotidiens

Imagine un grand projet de construction. Chaque brique posée contribue à édifier le bâtiment.

Si tu attends d'avoir tous les matériaux et plans parfaitement alignés pour commencer, tu ne construiras jamais.

Il en va de même pour la réussite personnelle et professionnelle : 👉

Ce n'est pas une seule grande décision qui te transforme. 👉

C'est une suite logique de petits ajustements, réalisés avec régularité.

Un changement minime répété chaque jour peut complètement modifier une trajectoire de vie.

- 📚 Lire 10 pages par jour peut faire de toi un expert en un an.
- 🚶 Marcher 30 minutes par jour peut améliorer ta santé de manière significative.
- 💡 Exprimer une idée par jour peut affiner ta pensée et ouvrir des opportunités inattendues.

La réussite ne dépend pas d'un déclic soudain, mais d'une discipline progressive.

⏳ Comment intégrer ces microdécisions dans ton quotidien ?

1/ Prends conscience de tes habitudes → Note pendant une semaine les petites décisions que tu prends sans y réfléchir. → Identifie lesquelles te servent et lesquelles te freinent.

2/ Ajoute une micro-action positive chaque jour → Choisis une seule action facile qui améliore ton organisation, ta communication ou ton bien-être. → Exemples : Se lever 10 minutes plus tôt pour respirer calmement avant de commencer la journée, envoyer un message de gratitude à quelqu'un qui t'a aidé, travailler 15 minutes sur un projet personnel au lieu de simplement y penser.

3/ Renforce ta capacité de décision → Lorsque tu hésites sur un petit choix, demande-toi quel impact il aura sur le long terme. → Prends des décisions qui te rapprochent de tes objectifs plutôt que de ton confort immédiat.

4/ Crée un système qui t'encourage à maintenir tes petites victoires → Mets en place un journal de suivi, une routine ou même un rappel quotidien pour te rappeler tes engagements personnels.

🔄 Transformer l'accumulation de décisions en force de changement

La clé n'est pas d'attendre le bon moment pour faire un grand changement. La clé est de comprendre que chaque action, même minime, compte.

> Si tu cherches à transformer ta vie, commence par transformer tes journées.

Alors, quelle sera ta première microdécision aujourd'hui ? ✨

La magie opère un jour il faut y croire, vous avez la clé …

Chapitre 29 :

✳ Transformer son quotidien en source d'inspiration

Nous avons tendance à croire que l'inspiration vient de grandes révélations, de moments marquants ou d'événements spectaculaires. Pourtant, les plus grandes transformations ne viennent pas toujours de l'extraordinaire, mais de l'ordinaire bien observé.

Tout autour de nous, chaque jour, nous sommes exposés à des opportunités d'apprentissage, à des instants qui pourraient changer notre perception, si seulement nous savions les remarquer.

La clé du succès n'est pas d'attendre un miracle, mais de cultiver un regard attentif et une curiosité permanente.

👀 Ouvrir les yeux sur ce qui nous entoure

Chaque journée regorge d'expériences qui peuvent nous enseigner des leçons précieuses. Le problème, c'est que nous sommes souvent trop occupés, trop pris par nos pensées pour les voir.

> Et si, au lieu de chercher des méthodes miracles, nous commencions à observer ce qui est déjà là ?

Quelques exemples simples :

- 🌱 Regarder comment un collègue ou un ami résout un problème peut nous inspirer une approche nouvelle.
- 📖 Lire une histoire ou écouter une anecdote peut éveiller une réflexion sur notre propre parcours.
- 🔄 Observer nos propres habitudes peut révéler des améliorations évidentes que nous n'avions jamais envisagées.

L'inspiration est partout, mais elle n'apparaît que lorsque nous décidons de lui accorder de l'attention.

📖 Chaque jour nous donne des leçons... à condition de savoir les reconnaître

Ceux qui progressent ne sont pas ceux qui attendent une révélation, mais ceux qui repèrent l'apprentissage caché dans chaque instant.

> Le véritable savoir se trouve dans la vie quotidienne, pas uniquement dans les livres ou les formations.

📅 Chaque expérience, chaque interaction, chaque moment de doute ou de réussite contient une clé pour avancer.

💡 Ce qui distingue les personnes qui réussissent, c'est leur capacité à extraire une leçon même des situations les plus anodines.

✍️ Une habitude simple pour ne jamais laisser passer ces apprentissages

1/ Noter UNE chose que l'on a apprise chaque jour ➡️ Il peut s'agir d'une réflexion, d'un petit déclic, d'une observation sur soi ou sur les autres. ➡️ Même minime, chaque leçon compte, car elle vient enrichir notre perception et notre façon d'agir.

2/ Chercher les détails qui passent inaperçus mais qui, en réalité, sont des clés ➡️ Qu'ai-je remarqué aujourd'hui qui pourrait m'aider à mieux gérer une situation demain ? ➡️ Quelle phrase entendue m'a fait réfléchir ? ➡️ Quel comportement observé chez quelqu'un m'a donné une nouvelle perspective ?

3/ Faire de son quotidien un terrain d'apprentissage permanent ➡️ L'univers est une immense école, encore faut-il choisir d'y être un élève attentif. ➡️ Tout ce que nous vivons, même les plus petits événements, peut nous servir à grandir.

💡 Ceux qui réussissent sont ceux qui cultivent une mentalité d'apprentissage constante

Le succès ne repose pas sur un moment précis, mais sur une accumulation de petits changements.

Les personnes qui avancent sont celles qui savent repérer les détails et utiliser chaque instant comme un tremplin.

> Ce qui semble anodin aujourd'hui pourrait être la clé d'une transformation demain.

Alors, dès aujourd'hui, regarde différemment : ☑️ Prends le temps d'observer. ☑️ Découvre ce qui peut nourrir ton évolution. ☑️ Utilise chaque journée comme une opportunité d'apprendre et de progresser.

💡 Quelle leçon peux-tu tirer de ta journée aujourd'hui ?

Chapitre 30 :

L'impact des petits gestes – Ce qu'on fait sans y penser mais qui change tout

Chaque jour, nous faisons des choses sans y penser, mais ces actions, mine de rien, conditionnent nos réussites, nos échecs et notre état d'esprit. 🎯

Analysons ces gestes du quotidien qui en disent long sur nous.

Exemple :

La façon dont on répond à un *message* Imaginez : vous recevez un SMS ou un e-mail. • ⏱ Vous pouvez répondre immédiatement, sans réfléchir, ou bien prendre une seconde pour structurer votre réponse. Ce que ça révèle sur vous : • ⚠ Si vous répondez dans la précipitation, vous risquez de manquer un détail ou d'envoyer un message mal formulé. • 🗨 Si vous prenez le temps de réfléchir, votre communication devient plus claire, efficace et puissante.

Répondre avec conscience et stratégie change tout, que ce soit dans le business, les relations ou les opportunités. 🔄

Exemple :

Le rangement de son espace de travail ou de sa maison • 🏠 Beaucoup disent "je veux une vie plus organisée", mais pensez à un détail simple : • 🖥 L'état de votre bureau, de votre salon, de votre voiture… reflète souvent l'état de votre esprit. • ⚠ Si tout est en désordre, cela peut être le symptôme d'une confusion mentale ou d'un manque de direction. • ☑ Prendre l'habitude d'organiser un minimum entraîne votre cerveau à mettre de l'ordre non seulement dans l'espace physique mais aussi dans vos idées.

Ne sous-estimez pas l'impact d'un environnement ordonné sur la clarté mentale. 💡

Exemple :

Le choix entre prendre les escaliers ou l'ascenseur Vous arrivez face à un escalier et à un ascenseur.

Que faites-vous ?

Pourquoi cette décision est-elle importante ? • 🔀

Parce qu'elle reflète la mentalité du choix facile vs.

Le choix qui demande un effort. • 🚶

Parce qu'elle montre si vous êtes prêt à prendre des décisions qui entraînent une amélioration, même minime, de votre condition. • 💪

Parce qu'une petite action comme prendre les escaliers façonne l'habitude de choisir la progression plutôt que la facilité immédiate. • ⏳

Ce geste, bien qu'insignifiant à l'instant, contribue à façonner votre état d'esprit sur le long terme.

🔥 Chapitre 31:

La puissance des micro-actions – Le succès vient de la régularité

Beaucoup de gens attendent le grand déclic, la révélation, ce moment où tout bascule et où le succès semble enfin à portée de main. 💡 Mais la vérité est bien différente.

Ce qui construit réellement une réussite durable n'est pas une seule décision spectaculaire, mais une accumulation de petites actions intelligentes, répétées avec constance. 🔁

Chaque jour est une opportunité d'avancer, même par de minuscules étapes. Chaque petit effort se cumule et crée une dynamique qui transforme progressivement notre trajectoire vers le succès. 🚀

💥 Les micro-actions : un levier puissant pour transformer sa vie

Le véritable changement ne vient pas d'une action unique, mais d'une discipline quotidienne, où l'on répète, ajuste et améliore un processus sans chercher la perfection immédiate.

> Ce qui compte, ce n'est pas de tout faire parfaitement, mais de le faire régulièrement.

💡 Imagine deux personnes :

- L'une décide de lire 10 pages chaque jour, et après un an, elle a absorbé le contenu de plus de 30 livres. 📚
- L'autre attend le bon moment pour lire, mais ce moment n'arrive jamais.

📊 Sur le long terme, celui qui avance par petites étapes construit une véritable expertise et une évolution tangible.

⚡ Astuces pour les actions quotidiennes qui changent tout

Il suffit parfois d'un ajustement simple dans son quotidien pour enclencher un cercle vertueux qui améliore sa vie :

📚 Lire 10 pages par jour > Plutôt que d'attendre d'avoir du temps pour lire un livre entier, prends l'habitude de lire un peu chaque jour. L'accumulation de connaissances se fera naturellement et efficacement.

⏰ Travailler 30 minutes sur un projet > Ne remets pas au lendemain ce qui peut être avancé aujourd'hui. Découper une tâche en tranches courtes permet d'avancer sans ressentir une charge mentale trop lourde.

🌞 Dire une chose positive sur soi-même chaque matin > Reprogrammer son mental commence par une simple affirmation de soi. Ce que nous nous répétons quotidiennement finit par influencer notre perception et notre attitude.

🔄 Remplacer une habitude néfaste par une habitude constructive > Le changement ne s'opère pas brutalement, mais progressivement. Remplace petit à petit les comportements qui te freinent par des actions qui te propulsent vers le haut.

🎯 Identifier et appliquer des petites améliorations constantes > Chaque jour, demande-toi : *quelle est la petite action qui peut me rapprocher de mon objectif ?* L'accumulation des efforts finit par façonner une évolution visible.

🔄 L'effet cumulatif : pourquoi les petites actions ont un impact immense

Nous sous-estimons souvent le pouvoir de la répétition. Pourtant, c'est la constance qui crée un impact durable.

◆ Un sportif ne devient pas performant en un entraînement, mais après des mois de pratique quotidienne. 🏋 ◆ Un expert ne maîtrise pas son domaine en une lecture, mais après des années d'apprentissage régulier. 📚 ◆ Un entrepreneur ne construit pas une entreprise en un jour, mais par une accumulation de bonnes décisions. 💼

💡 Ce qui semble insignifiant sur une journée devient monumental sur une année. > C'est l'effet boule de neige : chaque action renforce la suivante et crée une dynamique de succès.

🚀 Alors, quelle sera ta micro-action aujourd'hui ?

L'important n'est pas d'être parfait. L'important est d'être constant. Si tu veux transformer ta vie, commence petit, mais commence maintenant.

👉 Quelle habitude peux-tu intégrer aujourd'hui pour avancer vers ton objectif ?
👉 Quelle action simple peux-tu répéter chaque jour pour progresser ?

Choisis une micro-action maintenant et engage-toi à la répéter chaque jour. Car le succès ne vient pas d'un miracle, mais d'une accumulation d'intentions mises en pratique. 🚀

Chapitre 32 :

Le pouvoir du bon sens – Ne pas compliquer ce qui est simple

Dans un monde où l'on glorifie les solutions sophistiquées, les stratégies ultra-complexes et les méthodes révolutionnaires, on oublie souvent que la clé du succès est dans l'application des principes les plus simples.

Trop de gens se perdent en cherchant des réponses compliquées à des problèmes simples, croyant que plus une solution est technique ou abstraite, plus elle sera efficace. Pourtant, les fondations d'une vie réussie reposent sur des principes élémentaires, accessibles à tous.

> Le bon sens est souvent la solution que l'on cherche ailleurs, alors qu'elle est juste devant nous.

💡 Les principes de bon sens que beaucoup négligent

Parfois, nous essayons de réinventer la roue alors que les solutions les plus évidentes sont celles qui fonctionnent le mieux.

Voici quelques règles simples mais puissantes, souvent oubliées :

✅ Bien dormir améliore la concentration et la productivité. > Un sommeil réparateur n'est pas un luxe, c'est un besoin vital. Beaucoup pensent qu'ils peuvent compenser un manque de repos par du café ou de la motivation, mais en réalité, un corps et un esprit reposés travaillent mieux, plus rapidement et plus efficacement.

💧 Boire suffisamment d'eau améliore la clarté mentale. > Un cerveau déshydraté fonctionne moins bien, c'est aussi simple que ça. Trop de gens cherchent à améliorer leur concentration avec des techniques sophistiquées, alors qu'un des premiers leviers est une bonne hydratation.

🎯 Se concentrer sur une seule tâche à la fois est plus efficace que vouloir tout faire en même temps. > La dispersion est un piège. Penser que l'on peut tout gérer en parallèle réduit notre efficacité. Mieux vaut faire une chose bien que plusieurs mal.

Une tâche exécutée avec concentration prend moins de temps et génère de meilleurs résultats.

🗣️ Parler avec respect et sincérité ouvre bien plus de portes que de chercher à impressionner. > Nous vivons dans une société où beaucoup pensent que paraître intelligent ou impressionnant est essentiel. Mais la vraie influence vient de l'authenticité.

- Être sincère dans ses relations et ses échanges construit une confiance durable.
- Respecter son interlocuteur crée des connexions profondes.
- Faire preuve d'humanité vaut toujours mieux que de chercher à dominer une conversation.

Simplifier au lieu de complexifier

De nombreuses personnes cherchent des raccourcis ou ajoutent des couches inutiles à leur travail ou leur réflexion, croyant que cela rendra leur démarche plus efficace. Pourtant, les meilleures solutions sont souvent les plus directes.

> Faire simple, c'est faire efficace.

Pourquoi compliquer ce qui peut être résolu en quelques étapes ?

- Un bon planning : Plutôt que d'utiliser des outils ultrasophistiqués, parfois un simple tableau suffit pour organiser sa semaine.
- Une décision rapide : Plutôt que d'attendre le moment parfait pour agir, mieux vaut prendre une décision raisonnable et avancer.
- Une gestion claire des priorités : Plutôt que d'essayer de tout gérer à la fois, mieux vaut définir ce qui est essentiel et s'y consacrer pleinement.

Comment appliquer le bon sens au quotidien ?

Plutôt que de chercher des techniques miracles, pourquoi ne pas revenir aux bases ? Voici quelques habitudes qui, bien que simples, peuvent avoir un impact énorme sur ta productivité et ta sérénité :

1/ la question :

Quelle est la solution la plus évidente ? > Avant de compliquer un problème, réfléchis à l'approche la plus directe et la plus logique.

2/ Supprime l'inutile et garde l'essentiel. > Trop de choix tuent l'action. Élimine les distractions et concentre-toi sur ce qui apporte un vrai résultat.

3/ Applique la règle des 80/20 > 20 % des actions apportent 80 % des résultats. Focalise-toi sur ce qui produit un vrai impact, plutôt que de perdre du temps sur des détails secondaires.

4/ Rappelle-toi que la simplicité est une force. > Ce qui est clair, bien structuré et facile à comprendre fonctionne toujours mieux que ce qui est compliqué.

🚀 Le succès repose sur l'application de principes évidents, mais ignorés

📌 Trop de gens compliquent ce qui peut être simple. 🔍 Le succès ne vient pas d'une solution magique, mais d'une bonne application des principes élémentaires. ⚡ Ce qui fonctionne, ce n'est pas ce qui impressionne, mais ce qui est efficace.

Alors, aujourd'hui, quelle solution évidente peux-tu appliquer immédiatement pour simplifier ton quotidien ? 💡

Chapitre 33 :

Les décisions invisibles : ce qu'on choisit sans y penser

- Chaque jour, nous faisons des choix sans même nous rendre compte qu'ils influencent notre vie à long terme. ⚙
- L'enjeu est d'être plus conscient de ces microdécisions pour les orienter vers un chemin positif.

Exemple 7 : Le choix de sa posture corporelle Imaginez deux personnes :

- 🚶 L'une marche droit, les épaules ouvertes, le regard clair.
- 🙇 L'autre est voûtée, regardant le sol, avançant sans énergie.

Ce que cela révèle :

- Notre posture impacte notre état mental.
- Se tenir droit augmente naturellement la confiance en soi et modifie notre perception du monde.
- Les autres perçoivent notre énergie simplement en nous voyant nous déplacer.

Un simple ajustement comme redresser ses épaules et respirer profondément peut améliorer immédiatement notre présence.

Exemple 8 : La première pensée du matin

- La toute première pensée que nous avons en nous réveillant prépare l'énergie de la journée.
    - ☁ Si dès le réveil on pense « Je suis fatigué, ça va être dur », on conditionne son esprit à voir des obstacles.
    - 🌅 Si dès le réveil on pense « Aujourd'hui, je vais avancer et progresser », on enclenche une dynamique positive.

Exemple 9 : La manière dont on regarde les autres Quand nous croisons quelqu'un, comment le regardons-nous ?

- 👀 Avec ouverture et attention, ou bien
- 😶 Avec indifférence ou jugement ?

Ce que cela signifie :

- Notre façon de regarder les autres façonne notre relation au monde.

- Voir l'humain avant toute fonction ou apparence permet une interaction plus profonde.
- Un regard sincère crée instantanément plus de valeur qu'une longue discussion.

🔄 Chapitre 34 :

L'art de changer sans tout révolutionner

Beaucoup de gens souhaitent une transformation majeure dans leur vie. Ils rêvent d'un changement radical, d'un nouveau départ spectaculaire, d'une rupture totale avec leur quotidien. Mais la vérité est plus subtile : ce n'est pas un grand bouleversement qui façonne une vie meilleure, c'est une série d'ajustements réguliers et intelligents.

Nous avons trop tendance à croire que l'évolution doit être radicale pour être efficace. Pourtant, ce qui crée un impact durable, ce n'est pas une révolution soudaine, mais une accumulation de petits progrès.

📖 Pourquoi les petits ajustements sont plus puissants qu'un changement brutal ?

Les transformations drastiques sont souvent difficiles à maintenir. Elles demandent beaucoup d'énergie, elles créent un stress important, et elles peuvent être décourageantes lorsque les résultats ne viennent pas immédiatement.

En revanche, les petites améliorations progressives :

- Sont faciles à intégrer dans le quotidien ⏳
- Ne demandent pas un effort énorme, mais restent efficaces 💪
- Créent une dynamique qui devient naturelle avec le temps 🔄
- Sont plus durables et ancrées dans nos habitudes 📅

💡 Exemple : Plutôt que d'attendre d'avoir une semaine complète pour lire un livre en entier, pourquoi ne pas lire une seule page chaque jour ? Au bout d'un an, ce simple geste aura permis d'apprendre autant que si tu avais lu 30 livres d'un coup.

🚀 Les micro-actions qui changent une vie

Une transformation durable repose sur de petits gestes, répétés avec régularité. Ces actions semblent insignifiantes prises individuellement, mais leur cumul crée une dynamique de changement inévitable.

🎯 des micro-actions qui peuvent transformer ton quotidien :

🏃 Faire 5 minutes d'exercice quotidien > Le corps s'habitue à l'effort progressif. Mieux vaut commencer petit et régulier que de tenter un entraînement extrême que l'on abandonne après quelques semaines.

💬 Remplacer une critique par un encouragement > Modifier sa communication impacte directement la qualité de nos relations. Une parole positive change l'attitude d'une personne, renforce les liens et crée un climat de confiance.

🛠 Ajuster une routine au lieu de tout chambouler > Beaucoup de gens pensent qu'ils doivent tout changer pour voir des résultats, mais souvent, quelques modifications suffisent. Si une méthode ne fonctionne pas parfaitement, plutôt que de l'abandonner, pourquoi ne pas l'adapter légèrement ?

🌱 La force des petits pas : pourquoi ils sont plus efficaces que les grands bonds

Il est très difficile de se tenir à un changement radical sur le long terme. En revanche, modifier légèrement une habitude demande moins d'énergie mentale et s'intègre facilement dans notre quotidien.

💡 Imagine quelqu'un qui veut améliorer son alimentation :

- Plutôt que de changer son régime du jour au lendemain, il commence par modifier un seul repas.
- Puis, il ajuste son petit-déjeuner.
- Ensuite, il réduit les mauvaises habitudes progressivement.

🔄 Résultat ? Après plusieurs mois, son mode de vie est complètement transformé, mais sans frustration ni effort extrême.

🚀 Appliquer ce principe au changement personnel

Si tu veux évoluer dans un domaine, commence par petites touches. Ne cherche pas la révolution immédiate, cherche l'évolution continue.

💡 Quelques ajustements qui peuvent transformer ta vie : ✔ Remplace une mauvaise habitude par une version améliorée (boire de l'eau au lieu d'un soda).
✔ Prends 10 minutes chaque matin pour te concentrer sur une intention positive.
✔ Fais un petit pas vers un projet qui te tient à cœur (rédiger quelques lignes, faire un plan).

Le succès n'est pas un événement. C'est une série d'habitudes bien choisies.

Alors, quelle micro-action peux-tu commencer aujourd'hui pour avancer vers ton objectif ?

Toujours en action avec les bons gestes…

Chapitre 35 :

La simplicité avant la complication

Dans la vie, face à un problème, notre premier réflexe est souvent d'ajouter de la complexité.

Nous cherchons des solutions techniques, des méthodes sophistiquées, des stratégies avancées.

Pourtant, dans bien des cas, la réponse la plus efficace est la plus simple.

Pourquoi compliquer ce qui peut être résolu en quelques étapes ?

> Les plus grandes réussites ne viennent pas de systèmes excessivement élaborés, mais de l'application de principes clairs, compréhensibles et logiques.

Pourquoi la simplicité l'emporte sur la complexité ?

Le cerveau aime la clarté Une solution trop compliquée crée du stress, de l'hésitation et ralentit l'action.

À l'inverse, une solution simple facilite la prise de décision et l'exécution.

La simplicité permet d'agir immédiatement Lorsque quelque chose est facile à comprendre, on passe plus vite à l'action.

Plus une méthode est claire et accessible, plus elle sera appliquée.

L'essentiel est souvent sous nos yeux

Nous passons trop de temps à chercher une solution complexe, alors que l'évidence est souvent devant nous.

Exemples concrets où la simplicité résout tout

Besoin de plus d'énergie ? > Dormir plus tôt et boire plus d'eau. Au lieu de chercher des compléments énergétiques ou des techniques avancées de concentration, un bon sommeil et une bonne hydratation sont les clés d'un cerveau performant.

Problème de concentration ? > Éliminer les distractions et travailler sur une seule tâche à la fois.

Le multitasking nous donne l'impression d'être productif, mais en réalité, il ralentit notre efficacité et diminue la qualité de notre travail.

🗣 Envie d'un meilleur dialogue ? > 👂 Écouter avant de parler et être sincère sans chercher à impressionner. Les conversations les plus profondes ne viennent pas des discours élaborés, mais de la capacité à écouter et à échanger avec authenticité.

🎯 Manque de motivation ? > 🏆 Se fixer une petite victoire quotidienne au lieu de se mettre une pression énorme.

Rien ne sert de vouloir tout accomplir en une seule journée.

Ce qui fait avancer, ce sont les petites victoires répétées chaque jour.

⚡ La simplicité comme levier de succès

📌 Le bon sens est souvent la réponse que l'on cherche ailleurs. 🔍

Ne pas ajouter des couches inutiles à un problème. 🚀

Agir sans attendre, avec les moyens les plus directs possibles.

Alors, aujourd'hui, quel problème pourrais-tu résoudre en appliquant une approche simple et efficace ?

💡 Une réflexion à mener : sécurité ou impact ?

Parfois, même si la reconnaissance n'est pas immédiate, l'impact de nos actions perdure.

Nous sommes souvent tiraillés entre deux choix de vie :

1/ La sécurité totale 🔒 > Un chemin stable, sans surprise, où tout est planifié et maîtrisé.

2/ Marquer les esprits 💡 > Un parcours où l'on ose, où l'on prend des risques pour laisser une trace durable.

> Si demain, tu devais choisir entre ces deux options, lequel te donnerait le plus de sens ?

Peut-être que la solution n'est pas un choix absolu, mais une combinaison des deux :

⚡ Capitaliser sur ce que tu as fait 💡 Utiliser ton expérience pour inspirer les autres

🚀 Simplifier pour avancer

La simplicité est souvent sous-estimée alors qu'elle est l'un des plus grands leviers de réussite.

Aujourd'hui, quelle action simple peux-tu entreprendre pour améliorer un aspect de ta vie ?

> Parce que réussir, c'est avant tout savoir appliquer le bon sens.

🔥 Chapitre 36 :

Le poids d'un choix – Entre passion et sécurité

Dans chaque parcours de vie, un moment crucial arrive : celui où l'on doit choisir entre stabilité et audace, entre sécurité et exploration, entre le confort d'une voie tracée et l'excitation du risque.

Ce choix n'est jamais simple. Il peut façonner toute une existence, car il détermine la manière dont on vivra les prochaines années, voire toute une carrière.

Certains privilégient la sécurité, en restant dans un cadre établi, avec un emploi stable, des revenus réguliers et une prévisibilité rassurante. D'autres, animés par un besoin profond de création, d'aventure et d'accomplissement, décident d'affronter l'incertitude, de construire quelque chose de nouveau, de suivre leur passion malgré les risques.

> Mais quelle voie offre le plus de sens à une existence ?

💼 Rester dans la voie tracée : l'assurance de la stabilité

Certains choix offrent confort et tranquillité. Ils permettent de sécuriser son avenir, de réduire l'inconnu et d'éviter les risques financiers. 👉 Un emploi fixe, avec des horaires prévisibles, un cadre structuré et des perspectives linéaires. 👉 Un parcours où les règles sont établies, où il suffit de suivre les étapes pour progresser lentement mais sûrement. 👉 Une sérénité apparente, où l'on ne se soucie pas du lendemain, où l'on construit progressivement son patrimoine sans exposer sa vie à des incertitudes.

💡 Mais cette sécurité a un prix.

- Si le métier ou le projet ne nous passionne pas, il peut devenir une prison dorée, un engrenage où l'on avance sans enthousiasme.
- Le confort peut étouffer l'envie d'évolution, car sans challenge, la routine s'installe et la stagnation menace.
- L'absence de prise de risque peut empêcher les grandes découvertes, les réalisations personnelles et les avancées significatives.

🔥 Prendre le risque de suivre sa passion : l'aventure et la création

Suivre sa passion est un chemin exaltant, mais aussi rempli d'inconnues. 🚀 C'est choisir de créer, d'innover, de bâtir un projet qui nous anime profondément. ⚡ C'est accepter l'incertitude des débuts, le doute, les défis et les imprévus. 🔥

C’est oser affronter l’échec, mais aussi se donner la possibilité d’atteindre des sommets inaccessibles autrement.

💡 Pourquoi certains choisissent cette voie ?

- Parce que la passion donne une énergie et une motivation infinies. Lorsqu’on fait ce que l’on aime, le travail n’est plus une contrainte, mais une source de créativité et d’épanouissement.
- Parce que la liberté de création offre des possibilités illimitées. L’innovation, l’indépendance, l’impact réel sur le monde deviennent des objectifs concrets.
- Parce que le chemin, bien que difficile, est rempli de découvertes. Chaque difficulté surmontée devient une victoire qui forge la personne que l’on devient.

Mais ce chemin a aussi ses défis.

- L’incertitude peut être pesante, surtout au début.
- Les revenus ne sont pas garantis immédiatement, et l’instabilité financière peut être stressante.
- La charge mentale est forte, car tout repose sur notre propre engagement et nos actions.

🔄 Trouver l’équilibre entre les deux

❓ Faut-il vraiment choisir entre sécurité et passion ? En réalité, beaucoup de réussites viennent d’un équilibre entre les deux.

💼 Certains sécurisent leurs finances avec un travail stable, mais réservent du temps pour un projet passionnant en parallèle. 🔥 D’autres prennent un risque calculé, en structurant leur transition vers un nouveau projet sans se mettre en difficulté immédiate. 🔀 Certains choisissent d’intégrer leur passion dans un cadre sécurisé, en trouvant un métier qui leur permet d’exercer leur créativité sans sacrifier leur stabilité.

Il n’existe pas une seule bonne réponse, mais celle qui correspond à ce qui fait vibrer chaque individu.

> Le vrai choix, c’est celui qui donne du sens à notre propre existence.

🚀 Quelle décision donnerait du sens à ta vie ?

Lorsque le moment du choix arrive, pose-toi ces questions essentielles :

- Quels sont mes véritables moteurs ? Ai-je besoin de liberté ou de stabilité pour être heureux ?
- Quelle est ma définition du succès ? Est-ce la reconnaissance, l'indépendance, la sécurité financière ou l'impact que je peux avoir sur les autres ?
- Quel regret serais-je prêt à accepter ? Celui de ne pas avoir pris de risques ou celui d'avoir sacrifié la stabilité ?
- Comment puis-je combiner ces deux éléments pour une vie équilibrée ?

Si demain tu devais choisir entre un chemin entièrement sécurisé ou celui de la passion, quel serait celui qui te rendrait fier ?

💡 Et peut-être que la solution n'est pas un choix absolu, mais une combinaison intelligente des deux.

Poser-vous la question le soir ! ais je fais ce qu'il fallait aujourd'hui pour atteindre mes objectifs fixés ?

Chapitre 37 :

Les émotions d'un créateur – Entre excitation et solitude

Créer n'est pas un parcours linéaire. C'est une aventure où l'enthousiasme et le doute coexistent, où l'euphorie du début peut côtoyer l'incertitude la plus profonde.

Chaque projet, chaque idée nouvelle porte en elle cette dualité :

- Le feu intérieur, celui qui nous pousse à bâtir quelque chose de grand, à imaginer l'avenir et à donner vie à une création unique.
- Les silences, les remises en question, ces instants où l'on se demande si l'on est sur la bonne voie, si l'effort en vaut la peine.

> Mais ce qui distingue un créateur, c'est sa capacité à naviguer entre ces émotions sans qu'elles ne dictent ses décisions.

L'excitation du début : le moteur de la création

Lorsque l'on commence un projet qui nous passionne, il y a cette sensation grisante :

- L'envie de changer les choses, d'apporter quelque chose de neuf et d'important.
- L'énergie débordante, où l'on travaille sans compter les heures, porté par la vision de ce que l'on veut réaliser.
- Les idées qui fusent, les plans qui s'alignent et le sentiment que tout est possible.

C'est dans ces instants que l'on ressent l'essence même de la créativité : une force qui donne du sens, qui nous pousse à voir plus grand, qui alimente nos ambitions.

Mais à mesure que l'on avance, le doute s'installe.

La solitude et les interrogations

Créer est aussi un voyage solitaire. Même entouré d'une équipe, même soutenu par des proches, il y a des instants où l'on se sent seul face à ses choix.

« Est-ce que ça vaut la peine ? » > Quand les obstacles apparaissent, quand les progrès semblent lents, on commence à douter. > Est-ce que ce projet aboutira ? > Est-ce que je suis en train de perdre mon temps ?

⚖️ « Est-ce que je sacrifie trop pour quelque chose qui, peut-être, ne me reviendra pas ? » > L'investissement dans un projet demande souvent des sacrifices : du temps, de l'énergie, parfois une stabilité financière ou émotionnelle. > Le créateur fait face à une réalité cruelle : il n'y a aucune garantie de succès.

🔄 Apprendre à vivre avec ces émotions sans qu'elles ne paralysent

Ce qui distingue ceux qui créent des choses fortes, ceux qui laissent une trace, c'est leur capacité à accepter ces émotions, sans les laisser diriger leur trajectoire.

💡 L'incertitude fait partie du jeu > Tout grand projet commence dans le flou. Ce qui semble incertain aujourd'hui peut devenir évident demain.

🔥 Le doute est un compagnon, pas un ennemi > Les plus grands créateurs doutent. Mais ils ne laissent pas ce doute les immobiliser : au contraire, ils avancent malgré lui.

🚀 Même si la récompense ne vient pas immédiatement, elle finit toujours par se manifester > Les efforts paient toujours, sous une forme ou une autre. Chaque action crée une empreinte, une opportunité, une évolution.

🎯 Comment traverser ces émotions et rester engagé ?

☑️ S'ancrer dans la raison profonde de son projet > Pourquoi ai-je commencé ? Quel est mon véritable objectif ? Se reconnecter à l'essence du projet aide à surmonter les moments de doute.

☑️ S'entourer de personnes qui comprennent le parcours du créateur > Trouver d'autres créateurs, entrepreneurs, artistes, des personnes qui vivent les mêmes hauts et bas permet d'avoir des perspectives qui nourrissent et rassurent.

☑️ Accepter que le chemin sera imparfait > Les erreurs font partie du processus. Elles ne sont pas des échecs, mais des étapes vers l'amélioration.

☑️ Créer une routine qui stabilise l'émotionnel > Travailler régulièrement, même dans les périodes d'incertitude, permet de ne pas se laisser submerger par le doute.

🚀 Même dans les moments d'incertitude, continuer à avancer

Créer demande du courage, de la persévérance, mais surtout une capacité à embrasser l'inconnu. Si l'on accepte la solitude et les doutes, alors ils cessent d'être un poids. Ils deviennent des éléments du voyage, des marqueurs de progression, des preuves que l'on est sur le chemin du changement.

💡 Et toi, quelles émotions traverses-tu en ce moment dans ton projet ? Es-tu dans l'excitation de la création, ou dans les interrogations du doute ?

Dans tous les cas, la clé est de continuer à avancer. 🚀

«Ne jamais baisser les bras»

Chapitre 38 :

L'échec utile : transformer les revers en tremplins

- L'échec est un passage obligé pour tout bâtisseur, entrepreneur et créateur. Il n'est pas la fin, mais l'étape ouvrant la voie à la réussite.
- J'ai connu des moments où les choses ne se sont pas déroulées comme prévu : des projets retardés, des collaborations qui n'ont pas donné les résultats espérés, et des situations où j'ai cru faire le mauvais choix.
- Mais j'ai appris que les erreurs sont de puissants révélateurs.
- Un échec bien analysé est une leçon qu'aucune école ne pourra jamais enseigner.
- Ceux qui réussissent ne sont pas ceux qui ne tombent jamais, mais ceux qui savent rebondir avec une nouvelle approche.

> Parfois, ce qui semble être une fin est en réalité une ouverture vers une meilleure direction.

L'histoire d'un échec qui m'a appris plus qu'un succès :

Lorsque j'ai participé comme associé à la création du concept « Les Senioriales », j'avais une vision forte et l'envie de transformer ce secteur.

J'ai mis tout mon cœur dans ce projet .

Pourtant, le collectif qui en a bénéficié ne m'a pas honoré comme je l'espérais.

Ce fut un moment de réflexion intense .

Devais-je regretter d'avoir tout donné ?

Avec le recul, j'ai compris que ce projet continue d'améliorer la vie de nombreuses personnes et constitue une pierre angulaire dans l'évolution du marché immobilier.

Un échec en termes de reconnaissance, mais une immense réussite en impact. > Un vrai succès dépasse l'égo personnel et laisse une trace bien après nous.

Chapitre 39 :

L'art de rebondir avec ingéniosité

Un revers n'est jamais définitif. Il peut sembler brutal, il peut remettre en question un parcours tout entier, mais il ne représente jamais une fin en soi.

Il existe deux façons de vivre un échec :

1/ Le subir, en se disant qu'on aurait dû faire autrement, en se laissant enfermer dans le regret et la frustration .

2/ L'utiliser, en le transformant en opportunité, en trouvant une nouvelle voie insoupçonnée .

> L'erreur fatale serait de rester bloqué sur "Ce que j'ai perdu" au lieu de se concentrer sur "Ce que je peux construire maintenant".

Comment j'ai utilisé mes expériences pour rebondir

Lorsque j'ai participé à la création des Senioriales, mon ambition était claire : révolutionner le concept de logement pour les seniors, en offrant un cadre de vie plus humain, plus adapté aux attentes réelles.

Ce projet n'était pas simplement une idée commerciale, mais une véritable mission, une manière d'améliorer la qualité de vie de nombreuses personnes, tout en redéfinissant un marché vieillissant qui manquait de solutions adaptées.

Mais, comme dans toute aventure, les résultats ne sont pas toujours à la hauteur des attentes initiales.

Lorsque j'ai réalisé que mon implication dans la création du concept, de l'énergie déployée pour mon implication dans « Les Senioriales » aller être revue à la baisse lors de la vente de la marque ! J'aurais pu me replier, rentrer en conflit Au lieu de cela, j'ai choisi d'en faire une force.

Transformer l'expérience en un tremplin plutôt qu'une impasse

Dans chaque défi, il existe une opportunité cachée.

Plutôt que de me focaliser sur la reconnaissance non obtenue, j'ai reconfiguré mon avenir en capitalisant sur ce que j'avais appris.

👉 Toute mon expertise en écoute, en relation humaine et en vente a été mise au service d'une nouvelle dynamique.

👉 J'ai décidé que mon savoir-faire ne devait pas se limiter à une seule expérience, mais devenir un levier pour transmettre, enseigner et inspirer. 👉 Mon parcours est aujourd'hui un outil pour ceux qui cherchent à se réinventer, une preuve concrète qu'un échec apparent peut être le début d'une nouvelle réussite.

> Un vrai succès n'est pas celui qui se mesure immédiatement, mais celui qui continue à porter ses fruits bien après nous.

💡 Les clés du rebond avec ingéniosité

✅ Reformuler une perte comme une opportunité Chaque expérience, même difficile, contient une leçon précieuse. Ce n'est pas la chute qui définit une trajectoire, mais la manière dont on rebondit après.

✅ Identifier les forces développées grâce à cette expérience > L'échec, lorsqu'il est bien analysé, devient une formation accélérée.

✅ Utiliser le savoir acquis pour reconstruire autrement > Une expertise ne disparaît jamais. Elle peut changer de forme, évoluer, s'adapter à de nouveaux projets.

✅ Rester en mouvement plutôt que d'attendre une validation extérieure > La reconnaissance peut tarder à venir, mais l'impact réel d'un projet reste gravé dans le temps.

🚀 Voir chaque expérience comme un tremplin

Un revers peut paraître définitif lorsqu'il est vécu à chaud. Mais lorsqu'on prend du recul, on réalise qu'il contient toujours une opportunité.

💡 Et toi, qu'est-ce que tu pourrais transformer aujourd'hui en un tremplin pour la suite ?

Parce que le vrai pouvoir du rebond, c'est de ne jamais voir une impasse, mais toujours une porte qui s'ouvre sur quelque chose de nouveau. 🚀

Chapitre 40 :

Les rencontres qui changent tout

Personne ne réussit seul. Chaque parcours est jalonné de rencontres qui marquent un tournant.

- 👥 Le bon entourage peut accélérer la progression.
- 💬 Un simple échange peut donner une nouvelle direction.
- 🎯 Écouter les bonnes personnes est tout aussi important que de développer ses propres idées.

Les personnes qui ont influencé ma trajectoire :

Au début de ma carrière dans la vente directe, je venais du monde de la restauration, où l'excellence technique était la norme, et je me retrouvais dans un domaine demandant de convaincre et de communiquer autrement.

Un jour, un mentor m'a dit : > "Ce n'est pas le produit qui fait la vente, c'est l'histoire qu'on raconte." Cette phrase a transformé ma vision, faisant de mon talent pour l'écoute mon atout clé.

Pourquoi bien s'entourer est fondamental :

L'énergie que nous recevons influence nos décisions.

- 🤝 Les personnes que nous écoutons élèvent nos choix.
- ⚠️ Les mauvais échanges nous freinent.
- 🎓 Un bon mentor peut économiser des années d'erreurs.

Le succès n'est pas seulement le fruit d'efforts individuels, mais aussi le résultat de choisir les bonnes influences.

Chapitre 41 :

Le succès est une combinaison de choix et de vision

Après toutes ces étapes, ces défis et ces réflexions, une vérité essentielle se dégage :

Le succès n'est pas un événement isolé. Il ne repose pas sur une seule décision brillante, ni sur un coup de chance exceptionnel.

Ce qui façonne une vie accomplie, c'est une série de choix conscients, pris avec conviction, alignés avec une vision qui dépasse l'instant présent.

> Chaque action, chaque décision, chaque détour a joué un rôle dans le parcours que j'ai construit.

💡 Ce qui différencie une vie réussie d'une vie subie

Beaucoup pensent que le succès se limite à l'accumulation de réussites visibles :
🏆 Les titres, 💰 Les revenus, 🔝 Les reconnaissances extérieures.

Mais une réussite profonde et durable ne se mesure pas uniquement à ces éléments.

💡 Elle se construit sur trois piliers essentiels :

1/ Les choix intelligents et assumés 👉 Il ne s'agit pas de ne jamais se tromper, mais d'être capable d'analyser chaque expérience pour en tirer une force. 👉 Accepter que chaque étape, chaque décision a son importance, même celles qui semblent anodines ou insignifiantes.

2/ La capacité à transformer les échecs en tremplins 👉 Un revers n'est jamais une fin, mais une redirection vers une nouvelle opportunité. 👉 Ceux qui avancent ne sont pas ceux qui ne tombent jamais, mais ceux qui se relèvent plus intelligemment et plus forts.

3/ Une vision qui dépasse sa propre histoire 👉 Il ne s'agit pas seulement de réussir pour soi, mais de créer quelque chose qui laisse une empreinte durable. 👉 Un projet, une idée, une transmission ont bien plus de valeur que la seule accumulation personnelle de réussites.

🚀 Le succès vient du mouvement constant

Dans mon propre parcours, chaque expérience m'a permis d'avancer. 🔄 Même les défis les plus durs ont été des leviers de croissance. 🔥 Même les attentes non comblées ont généré des opportunités nouvelles.

> Ce qui m'a permis d'arriver jusqu'ici, ce n'est pas une suite de victoires parfaites, mais un engagement constant à progresser, à ajuster et à bâtir.

Le plus grand piège dans la vie n'est pas l'échec, 💡 C'est l'immobilisme. 👉 Rester bloqué sur ce qui aurait pu être, 👉 Attendre les conditions idéales pour agir, 👉 Croire que la réussite est une destination, et non un chemin en perpétuel ajustement.

> Le mouvement est la clé. Celui qui continue à apprendre, à ajuster, à améliorer, finit toujours par réussir.

💎 Construire quelque chose qui dépasse son propre parcours

Nous avons tous une chance incroyable : celle de pouvoir influencer le monde, ne serait-ce qu'un peu. Un projet, une initiative, une action bien menée ne disparaît jamais complètement.

💡 Ce que l'on crée, ce que l'on transmet, finit toujours par avoir un impact, même invisible à nos yeux.

👉 « Les Senioriales » ont dépassé le simple cadre d'un projet immobilier. Ils ont influencé une industrie, un marché, mais surtout des vies. 👥 Des seniors ont trouvé un cadre de vie plus adapté, 💬 Des familles ont découvert une nouvelle approche du logement et du bien-être, 🔄 Le secteur s'est réinventé, inspiré par cette idée qui, au départ, semblait juste être une initiative personnelle.

C'est cela, la vraie réussite : bâtir quelque chose qui continue à vivre au-delà de soi.

🌟 Quelle empreinte veux-tu laisser ?

Lorsque l'on regarde en arrière, ce ne sont pas les chiffres qui comptent, Ce ne sont pas les diplômes ou les statuts, Ce sont les traces laissées dans les esprits, les projets qui ont servi, les idées qui ont nourri le monde.

Alors, pose toi cette question : 💭 Quel impact veux-tu avoir ? 📅 Quelle est la prochaine pierre que tu veux poser sur ce chemin ? 🚀 Comment peux-tu, dès aujourd'hui, faire un choix qui aura du sens dans le futur ?

Parce que le succès ne se définit pas par ce que l'on possède, Mais par ce que l'on construit pour soi et pour les autres.

> Tout commence maintenant. Le prochain chapitre de ta réussite s'écrit aujourd'hui.

🏗 Chapitre 42 :

La philosophie du bâtisseur – Créer plutôt que subir

Dans la vie, chacun se trouve confronté à une réalité incontournable : les événements surviennent, les défis apparaissent, et nous avons toujours le choix entre subir ou bâtir.

Deux types de personnes émergent face aux circonstances : 1️⃣ Ceux qui subissent, qui adaptent leur vie aux contraintes, qui réagissent plutôt qu'agissent, qui ajustent leur trajectoire sans jamais vraiment la choisir. 2️⃣ Ceux qui créent, qui imaginent un nouvel équilibre, qui construisent leurs propres règles du jeu et qui refusent de laisser les circonstances dicter leur destin.

👉 Bâtir, c'est prendre les rênes de son existence. C'est choisir de ne pas être spectateur, mais acteur du changement.

🔥 La volonté de créer au lieu de suivre un chemin tout tracé

Quand j'ai commencé mon parcours, je n'ai pas suivi une route prédéfinie. ❌ Il n'y avait pas de modèle à appliquer, pas de mode d'emploi précis pour réussir. ✔ Il y avait du terrain vierge, des idées à tester, des risques à prendre pour donner vie à quelque chose d'unique.

J'ai compris très vite que bâtir ne signifie pas seulement construire des choses matérielles.

🏗 Bâtir, c'est avant tout concevoir des concepts, créer des opportunités, imaginer des solutions là où personne ne voyait d'ouverture.

💡 Chaque personne a en elle cette capacité de création, mais peu l'exploitent pleinement. Pourquoi ? Parce que : 🔒 On attend les conditions parfaites. 😟 On a peur de l'échec. ⏳ On repousse à plus tard au lieu d'agir maintenant.

➢ Mais la vérité est qu'il n'y a jamais de moment parfait pour commencer. Il n'y a que le moment où l'on décide d'agir. 💪

📌 L'état d'esprit du bâtisseur : les clés pour passer à l'action

🔄 1. Voir l'incertitude comme une opportunité > Personne n'a jamais bâti quelque chose de grand sans prendre des risques. L'incertitude n'est pas un frein, elle est un espace de possibilités.

⚡ 2. Transformer l'erreur en apprentissage > Le bâtisseur sait que l'échec n'est jamais définitif. C'est une étape, une information précieuse pour ajuster sa trajectoire.

🚀 3. Ne pas attendre d'avoir "tout prévu" pour commencer > Le perfectionnisme empêche souvent de démarrer. Agir avec ce que l'on a permet d'avancer, d'améliorer et d'affiner en chemin.

🌍 4. Penser en créateur plutôt qu'en adaptateur > Adapter, c'est répondre aux circonstances. Créer, c'est façonner l'environnement.

🔥 Ce que signifie "bâtir" dans la réalité

✔ Créer un projet qui répond à un besoin que personne n'a encore adressé. ✔ Développer une vision qui change la perception d'un marché ou d'un secteur. ✔ Donner vie à une idée qui impacte durablement les autres.

💡 Les Senioriales sont un parfait exemple de cette philosophie. J'ai vu un besoin clair, j'ai compris qu'il y avait un vide, et j'ai construit une réponse adaptée. Mais cela n'aurait jamais existé si j'avais simplement suivi ce qui était déjà établi, si j'avais attendu un meilleur moment.

> Le succès ne vient pas à ceux qui attendent, mais à ceux qui bâtissent.

🚀 Quelle sera ta prochaine construction ?

Si tu veux créer, ne commence pas demain, commence aujourd'hui. ✔ Identifie une idée, même petite. ✔ Fais un premier pas, même imparfait. ✔ Accepte de ne pas tout maîtriser immédiatement, mais avance malgré tout.

💡 Parce que bâtir, c'est choisir. 💡 Et choisir, c'est agir.

🚀 Chapitre 43 :

Les stratégies pour passer à l'action sans attendre

Nous avons tous des ambitions, des envies, des projets en tête.

Pourtant, beaucoup d'entre eux restent à l'état d'idée simplement parce que nous attendons le moment parfait, l'inspiration ultime, ou les bonnes conditions.

Mais voici une vérité qui change tout :

> Ce n'est pas l'énergie qui mène à l'action, mais l'action qui crée l'énergie. ⚡

Si tu veux prendre un tournant décisif, avancer, progresser, alors il est impératif de briser cette attente et de passer immédiatement à l'action. Voici comment.

🎯 1. Définir un objectif simple et concret

💡 Les objectifs vagues paralysent l'action. 🔍 Les objectifs précis et mesurables la déclenchent.

Plutôt que de dire : ❌ "Je vais écrire un livre." (Trop vaste, sans échéance, sans cadre) ✔ "Je vais écrire 500 mots aujourd'hui." (Direct, clair, facile à exécuter)

Pourquoi est-ce essentiel ? 👉 Un objectif précis réduit l'hésitation et l'incertitude. 👉

Il permet une satisfaction immédiate : chaque petite avancée donne envie de continuer. 👉

Il transforme une grande ambition en petites étapes accessibles.

🔥 Exemples d'objectifs activables immédiatement :

- ✍ Rédiger 3 idées pour un projet avant la fin de la journée.
- 🏃 Marcher 20 minutes au lieu de remettre au lendemain l'entraînement parfait.
- 🤝 Contacter une personne inspirante aujourd'hui pour échanger et apprendre.

Un objectif bien formulé est le premier pas vers l'action immédiate.

🔄 2. Remplacer la perfection par la progression

💡 L'un des freins majeurs à l'action est la quête de perfection. 🚀 Mais le succès n'est pas dans la perfection, il est dans l'amélioration continue.

👉 Trop attendre pour faire les choses parfaitement revient à ne jamais les faire.
👉 Chaque action, même imparfaite, est une étape vers une meilleure version.

🔥 Exemple concret :

- Tu veux lancer un projet ? Commence petit, même si tout n'est pas parfait.
- Tu veux partager une idée ? Dis la ! même si elle n'est pas totalement aboutie.
- Tu veux t'améliorer dans un domaine ? Pratique chaque jour, sans attendre d'être un expert.

📌 L'amélioration vient avec l'action, pas avec l'attente.

❌ 3. Supprimer les excuses avant qu'elles n'apparaissent

Le cerveau est un expert pour justifier l'inaction :

- "Je n'ai pas le temps." ⏳
- "Je ne suis pas prêt." 🤷
- "Je n'ai pas tous les outils nécessaires." 🛠

💡 Mais ceux qui réussissent savent une chose essentielle : il n'y aura jamais un moment idéal. 🔥 L'important, ce n'est pas d'avoir tout en main, c'est de faire avec ce que l'on a, ici et maintenant.

Comment contrer les excuses ? ✔ Remplace "je n'ai pas le temps" par "je consacre 10 minutes maintenant". ✔ Remplace "je ne suis pas prêt" par "je commence et j'ajuste en chemin". ✔ Remplace "je manque de ressources" par "je fais avec ce que j'ai aujourd'hui".

🚀 L'action précède toujours les moyens parfaits. Ceux qui réussissent commencent avant d'avoir toutes les réponses.

🔥 Le pouvoir du mouvement : pourquoi agir maintenant est la clé

💡 Nous sous-estimons souvent l'impact d'une seule action sur notre dynamique. Mais une fois que l'action est lancée, elle génère automatiquement de l'énergie, de la motivation, de la clarté.

📌 C'est le principe du mouvement : 👉 Plus on agit, plus on veut agir. 👉 Plus on voit des résultats, plus on veut aller plus loin. 👉 L'énergie ne vient pas avant l'action, elle naît grâce à elle.

💡 Alors aujourd'hui, quelle action concrète peux-tu poser immédiatement ? Pas demain. Pas plus tard. Maintenant. 🚀

✨ Chapitre 44 :

La dernière question à se poser avant d'avancer

Après ce voyage fait de décisions, de réflexions et d'expériences, il reste une seule question essentielle :

👉 Que vais-je faire maintenant ?

Car tout ce savoir, tout ce chemin parcouru, toute cette évolution ne doit pas rester en suspens. Il doit se traduire en action concrète, en une nouvelle étape, en un mouvement vers l'avant.

> Le succès n'est jamais une accumulation passive de connaissances. C'est la capacité à les utiliser pour bâtir la suite.

💡 Comment transformer cette philosophie en quelque chose qui impacte encore plus le monde ?

L'apprentissage est puissant, mais il prend tout son sens lorsqu'il est appliqué.

👉 Que peux-tu créer à partir de ces leçons ?

👉 Comment peux-tu partager ces enseignements pour inspirer d'autres ?

👉 Quel projet peut naître de cette réflexion ?

📌 Un savoir qui reste enfermé ne transforme rien. Un savoir mis en mouvement peut changer le monde.

🚀 Que vais-je faire aujourd'hui qui me rapprochera du prochain projet ambitieux ?

💡 Tout commence avec une première action. Pas une grande révolution immédiate, mais un premier pas.

✔ Esquisser une idée.

✔ Prendre contact avec une personne qui pourrait aider.

✔ Structurer une première étape concrète.

✔ Fixer un objectif tangible à accomplir aujourd'hui.

📌 L'action crée l'élan. L'élan mène à la transformation. La transformation construit l'avenir.

🔥 Pas demain. Pas plus tard. Maintenant.

💡 Pourquoi attendre ? Il n'y aura jamais de moment parfait. Tout ce qui a été réfléchi, construit et appris a mené à cet instant précis où une décision doit être prise.

👉 Quelle est la toute première action que tu peux entreprendre maintenant ? 👉 Quel pas peux-tu poser aujourd'hui qui déclenchera la suite ?

🚀 Parce qu'un grand projet commence toujours par une première pierre.

> Tout commence maintenant.

L'union fait la force

Chapitre 45 :

L'esprit de transmission : apprendre pour mieux partager

Depuis plus de 30 ans, la Franc-Maçonnerie fait partie de mon chemin.

Ce n'est pas juste une appartenance, c'est un engagement profond qui a guidé ma vision du monde :

- 👂 **L'écoute**
- 🤔 **La réflexion**
- 🔄 **La remise en question**

L'idée que la connaissance ne vaut que si elle est transmise, l'humain avant l'individualisme et l'ouverture avant les certitudes figées.

En regardant mon parcours, je réalise combien cet état d'esprit a influencé mes choix, mes projets et ma manière d'interagir.

La connexion entre mon parcours et ces principes :

Quand j'ai participé à la création du concept « **Les Senioriales** », ce n'était pas qu'un projet immobilier.

- 🏠 C'était une réponse à un besoin sociétal :
- Offrir un cadre de vie de qualité humaine, **initié par mon père Pierre**, qui avait imaginé une résidence senior pour les francs-maçons à la **retraite.**
- 💼 Dans la vente directe, il ne s'agissait pas uniquement de performance, mais d'écouter et de comprendre ce que l'autre cherche, au-delà du produit.
- Tous ces choix ont été nourris par une philosophie qui dépasse le simple pragmatisme commercial et qui ouvre la voie à l'amélioration de l'existant. > **chacun peut intégrer cette approche de partage et de progression dans sa vie.**

Chapitre 46 :

Ce que la franc-maçonnerie m'a enseigné sur le leadership et la réussite

- 👑 Être un leader, ce n'est pas imposer, c'est inspirer.
- 🏗️ Être un bâtisseur, ce n'est pas accumuler, c'est transformer.

Ces idées, fondamentales dans mon parcours, illustrent parfaitement ce que la franc-maçonnerie m'a transmis :

1. La remise en question constante
   - Ne jamais penser qu'on sait déjà tout.
   - Toujours être ouvert à apprendre, même de ceux qui ont moins d'expérience. > Un leader qui cesse de se remettre en question devient rigide et inefficace.
2. L'importance des symboles et des valeurs profondes
   - Chaque projet doit être ancré dans des valeurs qui vont au-delà du matériel.
   - Transmettre une méthode de réussite exige une philosophie claire et authentique.
3. L'art de guider sans imposer
   - Un bon mentor n'est pas celui qui dicte, mais celui qui éclaire le chemin.
   - La meilleure manière d'aider quelqu'un c'est de lui donner les clés pour penser par lui-même.

> Ce livre se veut une invitation à construire son propre chemin, à s'élever collectivement plutôt qu'à accumuler du pouvoir.

Chapitre 47 :

Bâtir plus grand que soi – L'impact invisible d'un engagement profond

Lorsque l'on s'engage dans une cause, un projet, une philosophie, il est impossible de mesurer immédiatement la portée réelle de nos actions.

Ce que l'on crée aujourd'hui s'inscrit souvent dans une dynamique qui dépasse le présent, dont les effets se révèlent bien plus tard, parfois même au-delà de notre propre parcours.

Bâtir, c'est accepter que l'impact profond ne se voit pas immédiatement. ✔ C'est semer des graines dont les fruits apparaîtront plus tard, chez d'autres, dans un autre contexte, sous une forme que nous n'aurions peut-être jamais imaginée.

Un projet n'est pas seulement un accomplissement personnel. Il devient une transmission.

Philosophie, transmission et impact durable

Tout engagement véritable repose sur trois piliers invisibles :

✔ Une philosophie, un cadre de pensée qui influence nos décisions et notre manière de voir le monde.

✔ Une transmission, car ce que nous créons ne disparaît jamais vraiment—il inspire, il oriente, il guide ceux qui viennent après nous.

✔ Des actes dont les effets ne sont pas immédiatement visibles, mais qui marquent le temps, influencent un secteur ou modifient une perception collective.

L'engagement dans une vision plus grande

La franc-maçonnerie, par essence, est une structure de pensée qui pousse à élargir notre regard, à utiliser notre connaissance non pour un gain immédiat, mais pour servir une cause plus grande.

Et finalement, n'est-ce pas ce qui a guidé toute ma carrière ?

Quand j'ai choisi l'immobilier, ce n'était pas pour vendre des mètres carrés, mais pour repenser entièrement le concept d'habitat pour les seniors, en intégrant une approche humaine et sociale. 🛠 Dans la vente directe, il ne s'agissait pas simplement de réaliser des chiffres, mais d'écouter profondément les besoins de chacun, d'apporter une réponse adaptée plutôt qu'une simple transaction commerciale.

📌 Chaque décision, chaque projet que j'ai entrepris était façonné par une vision plus large : 👉 Créer quelque chose qui apporte une véritable valeur. 👉 Construire un impact durable et accessible à tous. 👉 Ne pas se limiter à un succès personnel, mais à une réussite qui sert les autres.

🌍 Construire quelque chose qui dépasse son propre parcours

💡 Ce que nous bâtissons aujourd'hui ne disparaît pas. Il devient un point d'appui, une référence, une inspiration pour les générations à venir. 🎯 Une initiative peut transformer un secteur. 📖 Une philosophie peut influencer la manière dont un marché évolue. 🤝 Un engagement peut profondément changer la vie d'une personne.

Ce que j'ai fait dans l'immobilier, la vente, et l'écoute des autres est bien plus qu'une carrière. ✔ C'est une manière de penser. ✔ C'est une transmission d'idées qui continue d'exister après moi. ✔ C'est une philosophie du bâtisseur, du créateur, de celui qui ne subit pas mais façonne.

Et aujourd'hui encore, cette vision reste vivante, portée par ceux qui ont été inspirés par cette approche.

🚀 Que peut-on bâtir aujourd'hui qui laissera une trace demain ?

Nous avons tous la possibilité de créer quelque chose qui dépasse notre propre histoire. 📌 Un projet qui influence durablement. 📌 Une manière de penser qui transforme une perception. 📌 Une transmission qui aide à bâtir un monde plus équilibré.

💡 Alors aujourd'hui, quelle idée peux-tu mettre en mouvement pour prolonger cet impact ? Parce que ce qui dure, ce n'est pas ce que l'on garde pour soi, mais ce que l'on partage avec le monde.

Chapitre 48 :

Le véritable héritage – Ce que nous laissons derrière nous

Lorsque l'on regarde en arrière, ce ne sont pas les chiffres sur un compte bancaire ni les diplômes affichés au mur qui définissent une vie.

◆ L'argent gagné disparaît. ◆ Les titres obtenus finissent par être oubliés. ◆ Les possessions matérielles ne traversent pas le temps.

Mais ce qui perdure, ce qui reste bien après nous, c'est l'impact que nous avons eu sur ceux qui nous entourent.

Un héritage ne se mesure pas en biens, mais en influence

Nous avons tous une capacité à influencer, à inspirer, à transmettre. Ce que nous créons aujourd'hui peut changer une vie demain.

Une idée bien exprimée peut transformer une vision. Un geste d'entraide peut redonner espoir. Un enseignement partagé peut ouvrir une nouvelle trajectoire à quelqu'un.

> Le véritable succès n'est pas ce que l'on garde pour soi, mais ce que l'on offre aux autres.

Ce livre : Un acte de transmission

Ce livre ne se limite pas à une histoire personnelle. Il n'est pas un simple témoignage, mais une invitation à révéler le potentiel de chacun.

S'il peut éveiller une réflexion, déclencher une prise de conscience ou inspirer une action, alors il aura accompli sa mission. Si chaque lecteur en retire une leçon qui lui permet d'avancer, alors il sera plus qu'un ouvrage : il sera une impulsion.

Parce que la plus belle chose que l'on puisse offrir, c'est un levier pour que d'autres puissent eux-mêmes construire leur propre réussite.

Accomplissement personnel : il n'a de valeur que s'il est partagé

L'évolution individuelle prend toute sa dimension lorsqu'elle est transmise. ✔ Apprendre pour soi, c'est évoluer. ✔ Transmettre aux autres, c'est bâtir un héritage.

Si une réussite ne sert qu'une seule personne, elle reste limitée. Si elle devient un point d'appui pour les autres, alors elle acquiert une portée bien plus grande.

💡 Nous n'existons pas seuls. Ce que nous faisons aujourd'hui peut éclairer le chemin d'une autre personne demain.

> Parce que l'accomplissement personnel ne vaut rien s'il n'est pas partagé. ❤️

🌟 Que veux-tu laisser derrière toi ?

Lorsque tout sera terminé, lorsque les années auront passé, quelle empreinte voudras-tu avoir laissée ?

📜 Une idée qui continue à vivre. 📖 Un enseignement qui inspire. 🤝 Une action qui a changé une trajectoire.

🔄 Chacun a le pouvoir de créer un héritage qui dépasse son propre parcours. 🚀 Alors, que vas-tu construire aujourd'hui qui marquera durablement ceux qui viendront après toi ?

Chapitre 49 :

L'héritage de la pensée maçonnique dans le leadership

Le leadership n'est pas un titre : c'est un état d'esprit.

- Les grands leaders ne cherchent pas le pouvoir, ils cherchent à éveiller les autres.
- Le savoir n'est pas une richesse personnelle, c'est un outil collectif. > Tout ce que l'on bâtit doit servir une mission plus grande que soi.

Ces principes, intimement liés à la franc-maçonnerie, ont guidé mon parcours. > Bâtir un projet, une entreprise ou une vision, c'est porter une mission qui nous dépasse.

🌟 L'héritage de la pensée maçonnique dans le leadership

Le leadership ne se définit pas par un statut, une position ou un titre officiel. Il est bien plus qu'une fonction. 💡 C'est une manière d'être. 🎯 C'est une capacité à inspirer, à guider, à éveiller les consciences. ⚡ C'est une philosophie qui transcende l'individu et qui sert une cause plus grande que soi.

> Les grands leaders ne cherchent pas le pouvoir, ils cherchent à élever les autres.

🔄 Leadership et transmission : une pensée maçonnique

💡 La franc-maçonnerie repose sur des valeurs qui façonnent une vision éclairée du leadership.

✔ Le savoir ne doit pas être conservé comme une richesse personnelle, mais utilisé comme un outil collectif.

✔ Un projet, une entreprise, une mission doivent dépasser la simple réussite individuelle, pour avoir une portée universelle.

✔ Bâtir, c'est créer quelque chose qui apporte un bénéfice profond aux autres, et non seulement à soi-même.

📜 Le véritable leader maçonnique n'impose pas, il éclaire.

🚀 Son ambition n'est pas d'accumuler, mais de diffuser.

🌍 Sa réussite ne se mesure pas à ses acquis, mais à son impact.

🔥 Mon parcours : une application directe de cette philosophie

Dans chaque étape de mon parcours, ces principes ont guidé mes choix et ma manière d'agir.

🏠 Mon Père m'a transmis cette façon d'être, c'est ainsi qu'il avait imaginé une résidence senior dédié aux franc maçon, c'est ce qui nous a donné l'idée de ce pencher sur le sujet pour les jeunes retraités, il ne s'agissait pas simplement de bâtir un projet immobilier.

👉 C'était une transformation du mode de vie des seniors, une réflexion profonde sur la manière dont l'environnement devait évoluer pour répondre aux réels besoins humains.

💬 Dans la vente directe, il ne s'agissait pas uniquement de performer, mais d'écouter.

👉 Un véritable échange, une recherche sincère de solutions adaptées à chacun, plutôt qu'une simple démarche commerciale.

💡 Dans toutes mes décisions, la philosophie était la même : créer quelque chose qui ait du sens, qui soit accessible, qui réponde à un besoin réel et qui dépasse ma propre histoire.

📌 Un projet qui ne sert qu'une ambition individuelle reste limité. Un projet qui change une perception, une industrie, une société devient une œuvre collective.

🚀 Construire un héritage qui inspire et éclaire

Nous avons tous la possibilité de bâtir quelque chose qui dépasse notre propre existence.

✔️ Une pensée qui continue à inspirer après nous.

✔️ Une action qui aide les autres à grandir et à s'élever.

✔️ Une transmission qui transforme durablement la manière dont une génération aborde un sujet.

💡 Le vrai leadership n'est jamais une question d'autorité. C'est une question d'impact.> Alors, comment veux-tu utiliser ton savoir pour éveiller et bâtir quelque chose de plus grand ?

✴ Chapitre 50:

Une dernière question – Que veux-tu laisser derrière toi ?

À la fin, lorsque le temps aura fait son œuvre, qu'est-ce qui restera vraiment ? *

👉 Un compte bancaire bien rempli ?

👉 Des titres et des récompenses prestigieuses ?

👉 Ou des idées, des transmissions, des enseignements qui permettent aux autres d'avancer ?

Nous sommes tous face à cette ultime question, celle qui donne du sens à nos choix, à nos ambitions, à notre façon de vivre.

- Certains accumulent sans transmettre.
- D'autres bâtissent avec l'intention de laisser une empreinte durable.

👉 Tout le monde peut faire ce choix.

🔄 Exister ou bâtir : deux trajectoires possibles

1/ Exister dans l'instant > Vivre sans penser à demain, profiter du présent sans chercher à laisser un impact plus grand. > Accumuler, réussir pour soi, sans se soucier de ce que l'on transmettra après.

💡 Cela apporte du plaisir immédiat, mais laisse-t-on vraiment quelque chose derrière nous ?

2/ Bâtir quelque chose qui vivra bien après soi > Construire une vision, un projet, une transmission. > Offrir une idée qui inspire, une réflexion qui éclaire, une avancée qui profite aux autres.

💡 Ce choix crée un véritable héritage, une trace qui continue d'exister même après nous.

📖 La réussite est plus qu'une accumulation : c'est une transmission

❌ La richesse seule ne suffit pas.

❌ Les titres seuls ne suffisent pas.

✔ Ce qui perdure, c'est l'impact que l'on a eu sur les autres.

✔ Ce que l'on laisse, c'est ce qui continue à nourrir des esprits, à aider des vies, à influencer une génération.

🎯 Que reste-t-il des grands bâtisseurs ?

👉 Leurs idées.

👉 Leurs enseignements.

👉 Leurs contributions à quelque chose de plus grand qu'eux-mêmes.

🚀 Quelle trace veux-tu laisser ?

Et toi ? 📌 Que construis-tu aujourd'hui qui continuera d'exister demain ?

📌 Quelle transmission peux-tu mettre en place pour inspirer et guider les autres ?

📌 Comment peux-tu faire en sorte que tes actions dépassent ta propre histoire ?

💡 Parce qu'à la fin, la seule chose qui compte vraiment, c'est ce que l'on a laissé derrière nous.

Chapitre 51 :

Le savoir en action – Une connaissance qui vit

Nous vivons à une époque où l'accès à l'information est quasi illimité.

Nous pouvons apprendre, nous instruire, absorber des milliers de connaissances, mais combien les mettent vraiment en pratique ?

L'intelligence ne se mesure pas à ce que l'on sait, mais à ce que l'on applique et transmet.

Car une connaissance qui reste enfermée est une richesse inutilisée.

Le vrai savoir est celui qui se diffuse, qui impacte, qui inspire.

> Apprendre pour soi n'a de sens que si cela devient une force à partager avec les autres.

Accumuler n'est pas agir : Le passage à l'action

Le savoir n'a d'impact que lorsqu'il est mis en mouvement.

✔ Lire sur l'entrepreneuriat ne suffit pas, il faut tester.

✔ Comprendre les principes du leadership ne change rien si on ne les applique pas.

✔ Maîtriser une technique n'a de valeur que si elle est utilisée pour créer quelque chose de concret.

Il ne suffit pas de posséder un savoir, il faut le transformer en action.

Comment chaque apprentissage est devenu une force concrète dans mon parcours

Dans la restauration

Apprendre les subtilités du service ne servait à rien si cela n'améliorait pas l'expérience des clients.

📌 Ce n’était pas seulement un métier, mais une opportunité de créer une atmosphère unique, d’apporter du bien-être, de comprendre les besoins humains dans les moments de partage.

📈 Dans la vente

💡 Comprendre les techniques de persuasion n’a jamais été un objectif en soi.
📌 Ce qui comptait, c’était l’écoute véritable du client, la capacité à cerner ce dont il avait vraiment besoin, et à construire une relation durable plutôt qu’une simple transaction.

🏠 Dans l’immobilier

💡 Apprendre à vendre des biens ne suffisait pas.

📌 Il fallait redéfinir un concept, repousser les limites pour imaginer un habitat adapté aux réalités des seniors.

🚀 Les Senioriales ne sont pas juste une vente de mètres carrés, mais une révolution dans l’approche du logement.

📖 Dans la transmission d’idées 💡

Chaque expérience vécue était une opportunité d’apprentissage, mais cela aurait été inutile si cela restait personnel.

📌 Ce livre, cette réflexion, ces échanges sont la preuve qu’un savoir appliqué peut-être un levier puissant pour ceux qui cherchent à avancer.

> Tout a été mis en action pour créer du concret, du réel, du palpable.

⚡ La vraie intelligence : utiliser et partager ce que l’on apprend

Beaucoup accumulent sans transmettre, beaucoup savent sans appliquer.

💡 Mais celui qui sait et agit devient un créateur d’impact.

📌 Quelle connaissance possèdes-tu aujourd’hui que tu pourrais utiliser concrètement ?

📌 Que peux-tu transmettre pour aider quelqu’un à progresser ?

📌 Comment peux-tu transformer ce que tu sais en quelque chose qui inspire et génère une évolution ?

💡 Parce que le savoir seul est une étincelle, mais le savoir appliqué devient une flamme qui éclaire le monde.

🚀 Chapitre 52 :

La grande illusion du savoir sans application

Le monde regorge de connaissances accessibles en un clic, des livres qui enseignent des stratégies, des formations qui détaillent les meilleures méthodes.

📖 On apprend, on analyse, on comprend.

Mais combien mettent réellement en pratique ce qu'ils ont appris ?

💡 Le véritable savoir ne se mesure pas à l'accumulation d'informations, mais à l'impact qu'il génère dans la réalité.

> Sans action, tout apprentissage reste une théorie stérile.

🔍 Comprendre ne suffit pas : L'illusion du savoir sans action

Beaucoup croient que plus ils lisent, plus ils savent.

✔ Ils consomment des livres, des conférences, des podcasts.

✔ Ils recherchent sans cesse de nouvelles techniques, de nouvelles méthodes.

✔ Ils accumulent des concepts, mais ne les appliquent jamais.

❌ Le piège : croire que le savoir seul crée du changement.

🚀 Mais sans exécution, une idée reste un simple concept.

🔥 La différence entre ceux qui réussissent et ceux qui stagnent

1/ Un bon vendeur ne se contente pas de connaître les techniques, il les applique.

💡 Lire des stratégies de persuasion n'a aucun effet si elles ne sont jamais testées dans une vraie interaction.

2/ Un leader ne se limite pas aux livres de management, il sait les mettre en œuvre.

💡 Comprendre la psychologie d'un groupe ne sert à rien si l'on ne pratique jamais le leadership dans un environnement réel.

3/ Un entrepreneur ne rêve pas son projet, il le construit jour après jour.

💡 Imaginer un business est inutile si aucune action concrète n’est mise en place pour le développer.

> La réussite appartient à ceux qui osent confronter leurs connaissances à la réalité.

🚀 Le passage du savoir à l’action : la clé du changement

💡 Chaque apprentissage doit passer par trois étapes pour devenir puissant :

✔ 1. Comprendre → Acquérir une connaissance précise.

✔ 2. Tester → La confronter à la réalité, l’expérimenter.

✔ 3. Ajuster → L’améliorer à travers l’expérience et l’application réelle.

🔄 Sans cette boucle de transformation, le savoir reste théorique et inutile.

🌟 L’engagement à appliquer : La seule vraie mesure du succès

💭 Pose-toi cette question aujourd’hui :

📌 Quel savoir ai-je accumulé sans jamais le mettre en pratique ?

📌 Quelles connaissances puis-je transformer en action dès maintenant ?

📌 Comment puis-je tester ce que j’ai appris pour en tirer une leçon réelle ?

🚀 Parce qu’au final, ce qui différencie ceux qui avancent de ceux qui stagnent, c’est leur capacité à agir.

💡 Alors aujourd’hui, quelle connaissance vas-tu transformer en action concrète?

🔥 Chapitre 53 :

Le dernier message – La force de transmettre pour créer du sens

Pourquoi écrire ce livre ? Pourquoi prendre le temps de transmettre cette philosophie, ce regard sur la vie, l'entrepreneuriat et la transformation personnelle?

Parce que le savoir seul ne suffit pas.

Parce que la réussite personnelle est incomplète si elle n'inspire pas. Parce que la vraie richesse ne se mesure pas à ce que l'on possède, mais à ce que l'on partage.

💡 Si une expérience, une réflexion, une approche peuvent éclairer quelqu'un d'autre, alors elles prennent un sens bien plus grand.

> Nous n'avançons jamais seuls : nous sommes façonnés par les idées que d'autres ont partagé avant nous, et nous avons le devoir de transmettre à notre tour.

🌱 Une vie accomplie : Plus qu'une réussite, un héritage

📌 Une vie réussie ne se résume pas aux accomplissements visibles.

✔ Ce n'est pas seulement les projets menés à terme.

✔ Ce n'est pas seulement les gains accumulés ou les titres obtenus.

La véritable réussite repose sur l'impact que l'on a eu sur les autres :

🚀 L'idée qui a inspiré une nouvelle voie.

💡 Le savoir qui a ouvert une porte inconnue.

🔥 La philosophie qui a permis à quelqu'un de transformer sa vision du monde.

💬 La grandeur d'un projet ne se mesure pas à sa taille, mais à son impact sur ceux qui en bénéficient.

📖 **Ce livre : Une invitation au mouvement, à l'action, à l'évolution**

📌 Ce n'est pas une méthode rigide.

📌 Ce n'est pas une vérité absolue.

📌 Ce n'est pas un guide universel à suivre sans réfléchir.

✔ C'est une impulsion.

✔ C'est une invitation à questionner, à observer, à comprendre et à agir.

✔ C'est une clé pour que chaque lecteur puisse bâtir son propre chemin.

💡 Un savoir figé est un savoir mort. Une pensée qui évolue devient un levier de changement.

🚀 La transmission donne toujours du sens à nos actions

📌 Nous pouvons réussir individuellement, mais que restera-t-il après nous ? ✔ Une trace laissée dans les esprits ?

✔ Une réflexion qui aide quelqu'un à avancer ?

✔ Un enseignement qui inspire une prochaine génération ?

💡 Le savoir doit circuler, se partager, se confronter aux réalités du monde.

🔄 Que peux-tu transmettre aujourd'hui qui aidera quelqu'un demain ?

🚀 Comment peux-tu utiliser ce que tu as appris pour impacter positivement une vie ?

Parce que tout ce qui est appris doit être transmis pour continuer à exister.

> Un héritage intellectuel ne se construit pas sur ce que l'on garde pour soi, mais sur ce que l'on offre aux autres.

Chapitre 54 :

Savoir : la connaissance comme fondation du succès

Le savoir est la première étape de toute évolution. Sans connaissance, on avance à l'aveugle, mais accumuler du savoir sans jamais l'utiliser est inutile. >

Le vrai savoir éclaire, anticipe, comprend et, surtout, permet d'agir.

Les trois niveaux de savoir :

1. Le savoir général
   - 📖 C'est la base qui permet de comprendre le monde, l'histoire et les mécanismes de la société.
   - Tout bon leader doit connaître son environnement avant d'y évoluer efficacement.

2. Le savoir spécifique
   - 🎯 Lié à une expertise ou une compétence particulière.
   - Maîtriser un domaine permet d'y exceller et d'apporter une vraie valeur aux autres.

3. Le savoir intelligent
   - 💡 Ce n'est pas seulement connaître les faits, mais savoir quoi faire avec ces connaissances.
   - Un entrepreneur, un mentor ou un leader doit savoir relier les informations entre elles et les transformer en solutions efficaces. > La véritable intelligence ne vient pas d'une accumulation d'informations, mais de leur application stratégique.

Chapitre 55 :

Savoir-Faire : transformer la connaissance en action efficace

Le savoir seul ne suffit pas. Il faut savoir l'exploiter, le mettre en mouvement et lui donner une forme concrète. Ce qui différencie un expert d'un amateur, ce n'est pas seulement ce qu'il sait, mais ce qu'il est capable d'en faire.

Les 5 éléments du Savoir-Faire :

- ⚙ L'expérience pratique Rien ne remplace l'expérience.
- Le véritable apprentissage se fait sur le terrain : ajuster, tester, corriger ses erreurs.
- 🔄 La répétition et l'amélioration continue Le savoir-faire s'affine avec le temps. Ceux qui réussissent pratiquent avec régularité et cherchent sans cesse à s'améliorer.
- 🌍 La capacité d'adaptation Le vrai savoir-faire ne suit pas une règle figée. Il évolue et s'adapte aux besoins et aux contextes changeants.
- 📢 La transmission du savoir Maîtriser un sujet, c'est aussi savoir l'expliquer simplement. Transmettre ce que l'on sait prouve une intégration réelle de son savoir-faire.
- ⏱ La gestion des imprévus Être compétent, ce n'est pas seulement suivre un processus, c'est savoir s'adapter lorsque la situation change.

Chapitre 56 :

– Savoir-Être : la vraie clé du leadership et de la réussite humaine

Le savoir et le savoir-faire sont essentiels, mais sans le savoir-être, ils perdent leur véritable puissance. Le savoir-être, c'est l'attitude, la manière d'interagir et l'énergie que l'on dégage. Sans lui, un expert technique reste simplement un exécutant, et ne peut jamais devenir un leader inspirant.

Les 5 piliers du Savoir-Être :

1. L'écoute et la compréhension de l'autre Le bon communicant ne parle pas trop, il écoute avant tout. Lire entre les lignes et comprendre ce qui motive les gens est la clé de toute relation réussie.
2. La confiance et l'assurance Douter en permanence rend difficile de convaincre autrui. Travailler sa posture — tant mentale que physique — change radicalement la perception que l'on dégage.
3. La gestion des émotions Un leader ne réagit pas sous l'impulsion ; il reste maître de son état émotionnel et conserve de la clarté dans sa communication.
4. L'intégrité et la cohérence Rien n'est plus puissant qu'une personne fidèle à ses valeurs et qui applique ce qu'elle prêche.
5. La capacité à inspirer et motiver Un mentor, un entrepreneur, un bâtisseur sait éveiller chez les autres leur propre potentiel. Faire grandir les autres, c'est la véritable mission d'un leadership efficace.

🌟 Chapitre 57 :

Le lien entre ces trois savoirs – Une maîtrise complète

La réussite **ne se limite jamais à une seule forme d'intelligence**.

💡 Elle repose sur une combinaison subtile de trois savoirs essentiels, qui ensemble permettent de construire une vie alignée, solide et inspirante.

📖 Le savoir → Il offre une compréhension du monde.

⚙️ Le savoir-faire → Il transforme cette compréhension en compétences concrètes.

❤️ Le savoir-être → Il apporte l'impact et la puissance relationnelle nécessaires pour transmettre et inspirer.

> Celui qui maîtrise ces trois dimensions ne se contente pas d'exister. Il façonne activement son propre succès et celui des autres.

📖 Le savoir : Comprendre pour agir intelligemment

💡 Apprendre, analyser, explorer : le savoir est la base de toute évolution. 👉 Il permet d'appréhender le monde, ses règles, ses dynamiques.

👉 Il offre les clés pour comprendre les enjeux, les opportunités, les mécanismes invisibles.

👉 Il nourrit la réflexion et permet d'anticiper plutôt que de subir.

📌 Mais le savoir seul ne suffit pas.

❌ Accumuler des connaissances sans les utiliser ne mène à aucun changement.

✔️ Ce qui compte, c'est de le transformer en quelque chose de tangible.

⚙️ Le savoir-faire : Transformer la compréhension en action

💡 Sans mise en pratique, le savoir reste une idée abstraite.

👉 C'est l'expérience qui forge les compétences.

👉 C'est l'application qui transforme une idée en réalité.

📌 Un expert ne se définit pas par les livres qu'il a lus, mais par ce qu'il sait exécuter avec maîtrise.

✔ Un entrepreneur doit savoir concrétiser une vision en un projet viable.

✔ Un leader doit savoir mobiliser une équipe et piloter des stratégies.

✔ Un artisan ne peut pas seulement imaginer une œuvre, il doit la créer.

🚀 Ce qui distingue ceux qui avancent de ceux qui stagnent, c'est leur capacité à agir concrètement sur leurs connaissances.

💙 Le savoir-être : L'impact relationnel et la transmission

💡 La technique seule ne suffit pas pour inspirer, fédérer et convaincre.

👉 Le savoir-être est ce qui donne du sens à nos actions et à notre réussite.

📌 Un grand communicant ne se limite pas à bien parler, il sait écouter.

📌 Un leader ne se contente pas de diriger, il incarne une vision qui motive.

📌 Un enseignant ne se contente pas de transmettre un savoir, il le rend accessible et vivant.

💡 C'est le savoir-être qui permet à une idée, une entreprise, une mission de dépasser ses créateurs et de devenir un impact durable.

> Sans le savoir-être, ni le savoir ni le savoir-faire ne peuvent créer un changement véritable.

🚀 La combinaison des trois : Une maîtrise complète

📌 Un savoir sans action reste une théorie stérile.

📌 Un savoir-faire sans compréhension devient une exécution sans profondeur.

📌 Un savoir-être sans maîtrise technique manque de substance.

🎯 **Mais celui qui réunit ces trois savoirs construit une vie alignée, puissante et inspirante.**

💡 Un expert visionnaire applique ce qu'il sait et le partage intelligemment. 🚀 Un bâtisseur transforme sa connaissance en création utile et impactante.

🌍 Un leader éclaire, guide et inspire ceux qui l'entourent.

> La vraie réussite est une symbiose entre savoir, action et transmission.

🔥 Quelle est la prochaine étape ?

Nous avons tous une opportunité immense :

✔ Élargir notre savoir pour mieux comprendre le monde.

✔ Affiner notre savoir-faire pour le mettre au service de projets concrets.

✔ Développer notre savoir-être pour inspirer et impacter durablement.

💡 Alors aujourd'hui, quelle compétence peux-tu renforcer ?

🚀 Quelle action peux-tu entreprendre pour mettre en pratique un savoir acquis ?

❤ Comment peux-tu transmettre une idée qui aidera quelqu'un d'autre à avancer ?

Parce que la maîtrise complète ne vient pas d'un talent inné,

🚀 **Elle se construit jour après jour, en appliquant ces trois savoirs ensemble.**

Chapitre 58 :

– Comment appliquer le Savoir, le Savoir-Faire et le Savoir-Être dans le quotidien

Tout concept puissant doit se traduire dans la vie réelle. Voici comment chacun peut intégrer ces trois savoirs dès aujourd'hui.

1/ Le Savoir : Comment enrichir son intelligence sans perdre de temps Stratégies pour apprendre efficacement :

- 🎯 Lire avec un objectif précis : Ne te contente pas de consommer du contenu, cherche à appliquer chaque idée.
- 📝 Synthétiser et partager : Expliquer ce que tu apprends à quelqu'un renforce ta compréhension.
- 🔍 Développer une curiosité proactive : Intéresse-toi à des sujets que tu ne maîtrises pas encore. Le savoir est une fondation vivante, toujours en évolution.

2/ Le Savoir-Faire : Comment convertir ses connaissances en actions utiles Méthodes pour améliorer son savoir-faire :

- 🚀 Pratiquer immédiatement : N'attends pas d'être « parfait » pour commencer.
- 🔄 Répéter jusqu'à l'excellence : La maîtrise s'acquiert avec un effort régulier.
- 💡 Tester différentes approches : Adapte, ajuste et affine en fonction des résultats obtenus. Un bon savoir-faire se construit sur le terrain, tout autant que dans la théorie.

3/ Le Savoir-Être : Comment cultiver une présence forte et inspirante Habitudes pour améliorer ton savoir-être :

- 👀 Travailler sur ta posture et ton regard : La manière dont tu te présentes influence la perception des autres.
- 👂 Développer une écoute active : Ne t'arrête pas à entendre ; cherche à comprendre profondément.
- 😌 Gérer tes émotions avec conscience : Réagis avec maîtrise face aux situations difficiles.
- 🔎 **Observer et identifier ce qui enrichit ton argumentaire** : Par exemple, lorsque tu es chez un prospect, son lieu de vie est une mine d'informations.

- 📊 Observer l'espace, analyser la qualité du secteur ou du bien permet de préparer des réponses aux objections lors de tes démonstrations. Une personne disposant d'un solide trio « Savoir – Savoir-faire – Savoir-être » sera toujours écoutée, car son approche repose sur du bon sens et attire naturellement les bonnes opportunités et relations.

Chapitre 59 :

L'impact du bon état d'esprit sur la réussite

Au-delà des compétences et des connaissances, c'est l'état d'esprit qui détermine la trajectoire de ta vie professionnelle et personnelle.

- ? Pourquoi certains avancent-ils malgré les défis alors que d'autres restent bloqués ?
- 💡 Pourquoi certaines personnes semblent capter toutes les opportunités pendant que d'autres les laissent filer ?

Tout est une question de perception et de décision intérieure.

Comment adopter un état d'esprit gagnant :

- 🔮 Penser opportunités plutôt que limitations : Vois le potentiel dans chaque situation.
- 📈 Transformer les échecs en apprentissages : Une erreur bien analysée est une leçon précieuse.
- 🎯 Développer une vision à long terme : Concentre-toi sur le progrès plutôt que sur les résultats immédiats. Le mental façonne la réalité ; ceux qui croient en leur capacité finissent toujours par réussir.

Chapitre 60 :

– La mise en mouvement : de la réflexion à l'action immédiate

Une idée puissante n'a de valeur que lorsqu'elle devient une réalité concrète. Beaucoup de gens ont des projets en tête, mais n'agissent jamais. Trop souvent, ils sont paralysés par l'analyse.

Trois méthodes pour se mettre en mouvement :

1. ⏳ Fixe une première action réalisable aujourd'hui : Pas demain, pas dans une semaine. Maintenant.
2. 🔍 Divise ton objectif en petites étapes : Ainsi, tu éviteras la procrastination si un projet semble trop grand.
3. 🚀 Agis même sans être à 100 % prêt : La perfection est une illusion, commencer, c'est déjà progresser.

La véritable différence entre ceux qui avancent et ceux qui stagnent réside dans la rapidité d'exécution des idées.

Chapitre 61 :

Comment gérer les doutes et les obstacles comme un leader

Le doute et les obstacles font partie de toute évolution. Trois erreurs à éviter face aux difficultés :

- Attendre que le doute disparaisse avant d'agir : L'action dissipe naturellement le doute.
- Voir chaque obstacle comme un mur infranchissable : Chaque problème est une opportunité déguisée.
- Chercher une solution parfaite avant d'avancer : Il vaut mieux ajuster sa trajectoire en chemin plutôt que de rester bloqué.

La stratégie du leader face aux défis :

- Anticiper les difficultés pour ne pas être pris au dépourvu.
- S'adapter rapidement plutôt que de rester bloqué dans une approche unique.
- Rester en mouvement : Plus tu avances, plus les solutions apparaissent naturellement. La vraie résilience, c'est savoir utiliser les obstacles comme des tremplins.

🚀 Chapitre 62:

Devenir une personne qui attire les opportunités

Pourquoi certains semblent toujours au bon endroit, au bon moment, tandis que d'autres luttent sans voir leur situation évoluer ? Est-ce uniquement une question de chance ?

👉 Non. C'est une question d'état d'esprit, d'attitude et d'énergie.

📌 Les opportunités ne sont pas le fruit du hasard.

💡 Elles gravitent naturellement vers ceux qui sont en mouvement, qui savent les reconnaître et les saisir.

> Le succès ne tombe pas du ciel : il est attiré par ceux qui cultivent la bonne dynamique.

🌟 Comment cultiver une énergie qui attire le succès

Devenir une personne qui attire les opportunités ne signifie pas attendre un coup de chance. Cela signifie développer une posture et des habitudes qui créent une spirale positive.

Voici trois leviers puissants pour maximiser les opportunités dans ta vie :

1/ Avoir une vision claire et inspirante

📌 Plus on sait précisément où l'on veut aller, plus les opportunités viennent naturellement.

💡 Pourquoi ? Parce qu'une vision bien définie agit comme un aimant :

✔ Elle te rend identifiable → Les bonnes personnes sont attirées par ton projet.

✔ Elle te fait voir des opportunités invisibles aux autres → Ton esprit est focalisé sur ce qui te rapproche de ton objectif.

✔ Elle te pousse à prendre des décisions audacieuses → Tu n'hésites pas lorsque tu repères une occasion qui t'aide à avancer.

📖 Exemple concret : Un entrepreneur qui sait exactement ce qu'il veut construire attirera bien plus facilement des partenaires, des clients ou des ressources utiles.

À l'inverse, quelqu'un qui reste dans l'indécision verra les opportunités lui échapper, faute de clarté sur la direction à prendre.

> Les opportunités ne viennent pas par magie : elles sont créées par une vision forte qui les attire.

2 Développer des relations authentiques

🌍 L'humain est au cœur de toutes les opportunités. 💬 Chaque relation, chaque échange, chaque interaction peut ouvrir une porte.

❌ Trop de gens pensent que réussir signifie s'isoler pour travailler seul. ✔ En réalité, le succès est souvent une affaire de réseau, de connexions et de collaborations sincères.

📌 Ce qui compte, ce n'est pas "avoir un réseau", mais créer des relations véritables basées sur la confiance.

💡 Comment développer des relations qui attirent les opportunités ?

✔ Être généreux en partageant des idées et des conseils → Ce que tu donnes te revient toujours.

✔ Écouter sans chercher uniquement son propre intérêt → Les vraies connexions naissent de la sincérité.

✔ Entourer son cercle de personnes inspirantes et motivantes → L'environnement influence les opportunités.

📖 Exemple concret : Un professionnel qui cultive des relations authentiques se verra naturellement proposer des projets, des collaborations ou des opportunités qu'il n'aurait jamais imaginées seul.

> L'opportunité la plus puissante que tu puisses créer est celle d'être entouré des bonnes personnes.

3 Agir comme si la réussite était déjà en cours

🚀 Se positionner dès maintenant comme quelqu'un qui avance.

💡 Pourquoi ? Parce que les opportunités arrivent à ceux qui sont déjà en mouvement.

📌 Attendre d'être "prêt" pour passer à l'action est une erreur.

✔ Ceux qui réussissent commencent avant d'avoir toutes les réponses.

✔ Ils avancent, s'adaptent, et attirent naturellement les ressources nécessaires.

✔ Le mouvement crée une dynamique qui attire les bonnes personnes et les bonnes occasions.

📖 Exemple concret : Un artiste qui veut être reconnu ne peut pas attendre d'être "parfait" pour exposer son travail.

👉 Il doit montrer ses œuvres dès maintenant, même imparfaites, pour déclencher des rencontres et attirer les bonnes opportunités.

> Si tu veux que le succès vienne à toi, commence à agir comme si tu étais déjà en chemin vers lui.

🌟 Conclusion : Les opportunités ne viennent pas à ceux qui attendent, elles gravitent vers ceux qui agissent

📌 Le succès n'est jamais une question de hasard.

✔ Il est attiré par une vision forte.

✔ Il est facilité par des relations sincères et stratégiques.

✔ Il est généré par l'action avant même que tout soit parfait.

🚀 Alors aujourd'hui, quelle première action peux-tu entreprendre pour attirer les opportunités à toi ?

🌱 Quelle relation peux-tu renforcer qui ouvrira une nouvelle voie ?

🎯 Quelle clarté peux-tu donner à ta vision pour que les bonnes occasions viennent naturellement à toi ?

👉 Parce que tout commence maintenant. Pas demain. Pas plus tard. Maintenant.

Chapitre 63:

Conclusion

Ce livre est un levier, pas seulement une lecture. Il t'invite à transformer tes apprentissages en actions concrètes et à embrasser une philosophie qui te propulse vers un futur riche de sens et d'impact durable.

Après ces pages, après ces idées, une seule chose doit rester en tête du lecteur : l'action immédiate, ne pas avoir peur. •

🚀 Ne pas juste lire, mais appliquer. •

🔄 Ne pas juste comprendre, mais transformer sa réalité. •

✨ Ne pas juste espérer, mais créer ton propre succès.

Tout commence maintenant. Ce livre est une invitation à bâtir, à évoluer, à devenir une force de changement.

Chapitre 64:

L'appel final à l'action : créer ta propre transformation

Après la lecture de ce livre, une seule chose doit rester en tête : passe à l'action. • ⚡ Ne pas simplement réfléchir, mais agir. • 🛠 Ne pas seulement rêver, mais construire. • ⏳ Ne pas attendre, commence immédiatement.

Dédicace et reconnaissance

Je tiens à remercier toutes les personnes qui ont façonné l'homme que je suis aujourd'hui :

- Celles qui ont cru en moi, qui m'ont inspiré et poussé à voir plus loin.
- Celles dont la bienveillance a contribué à mon parcours, acceptant mes erreurs, mes défauts, mes échecs et les rêves que je nourris encore, car l'avenir est devant moi. 🙏

Ce livre est dédié à toutes les personnes de bonne volonté, à ceux qui se battent pour être la meilleure version d'eux-mêmes.

- À ma fille Audrey, qui incarne l'amour et la force. ❤
- À mes petits-enfants, qui sont le futur et portent en eux toutes les promesses de demain. 🌟

Que cet ouvrage soit une impulsion pour tous ceux qui veulent avancer, construire, transmettre et partager. La vie est une création : soyez le créateur de la vôtre ! 🎨

— Patrick PHILIPPOT

Ce que nous devons retenir

Chaque page a été écrite autour d'une notion essentielle : > Nous avons tous un potentiel immense. Seuls ceux qui osent le dévoiler progressent réellement.

- Apprendre, c'est bien ; appliquer, c'est mieux. 📚 ➡ 🏗
- Comprendre, c'est bien ; transformer, c'est capital.
- Espérer, c'est bien ; agir, c'est authentique. 🌟

La véritable réussite repose sur l'équilibre entre le savoir, le savoir-faire et le savoir-être. Maîtriser ces démarches constitue la clé pour exercer un impact et réussir dans toutes tes entreprises. La question est simple : Quelle sera ta prochaine action ? 🤔

Révèle ton talent caché

« L'art de voir le potentiel en chacun » Chacun possède un talent caché, une capacité souvent insoupçonnée qui n'attend qu'à être révélée. Quand cette révélation survient, grâce à une écoute attentive ou une conversation inspirante, tout change. Ce livre est un voyage qui t'invite à te demander :

- Comment identifier ton talent caché ?
- Comment faciliter la découverte de ta véritable valeur ?
- Comment apprendre à déceler chez les autres ce qu'ils ne voient pas en eux-mêmes ?

Que tu sois en quête de sens, en désir de changement ou simplement curieux des dynamiques menant au succès, ces réflexions te dévoileront les possibilités infinies déjà présentes en toi et autour de toi. 🚀

Conclusion

Chaque expérience de la vie enrichit notre perspective. Le talent caché de chacun a besoin d'être révélé pour s'épanouir, et cela ne peut se faire que par l'action.

Alors, explore, dialogue, apprends sans cesse et inspire-toi mutuellement.

Ose ouvrir les portes des possibles et dessine ton prochain pas vers le succès. Ce qui compte, c'est de révéler le talent qui sommeille en toi. Ose explorer, et surtout, commence à agir.

L'épanouissement que tu recherches se trouve souvent dans le passage à l'acte, un pas à la fois.

> Et toi, quel sera ton prochain pas vers ton avenir ? 🚀

Ce texte se veut être à la fois une invitation à la réflexion et un appel à l'action. Puissent ces mots t'inspirer et te guider vers une transformation personnelle et durable.

🚀 Révèle ton talent caché *« L'art de voir le potentiel en chacun ✨ »*

🎭 Tout le monde possède un talent caché. Une capacité unique, parfois insoupçonnée, qui ne demande qu'à être révélée. Certains la découvrent naturellement, poussés par un environnement qui leur permet d'explorer et de se dépasser. D'autres, en revanche, traversent leur vie sans jamais prendre conscience de leur propre valeur, simplement parce qu'on ne leur a jamais montré qu'ils avaient un potentiel incroyable.

Si j'ai appris une chose au fil de mes années dans le monde de la restauration, de la vente et de l'immobilier, c'est qu'il « n'existe pas de personnes sans talent » – seulement des personnes qui n'ont pas eu l'opportunité de le révéler. J'ai rencontré des hommes et des femmes qui, à un moment donné, pensaient être arrivés au bout de leur parcours professionnel, convaincus qu'ils n'avaient plus rien à offrir. Et pourtant, il suffisait « d'une conversation, d'une écoute attentive, d'un petit déclic » 💬 pour que tout change.

C'est ce que j'ai toujours cherché à faire : comprendre l'autre, révéler ce qu'il ne voit pas encore en lui-même et lui montrer que « l'engagement et l'effort permettent de transformer un talent en véritable réussite » 🤝.

Ce livre est un voyage à travers cette idée. « Comment identifier un talent caché? Comment l'aider à se révéler ? Et surtout, comment apprendre à voir chez les autres ce qu'ils ignorent eux-mêmes ? » 🔍 Que vous soyez en quête de sens, à la recherche d'un nouveau départ ou simplement curieux de comprendre les dynamiques humaines qui mènent au succès, j'espère que ces pages vous aideront à voir « les possibilités infinies qui se trouvent déjà en vous et chez ceux qui vous entourent » 🌈.

📜 Citations inspirantes

🔑 *L'action est la clé fondamentale de tout succès.* – Pablo Picasso 🌱 *Ne jugez pas chaque jour à la récolte que vous faites, mais aux graines que vous semez.* – Robert Louis Stevenson 🌞 *La seule limite à notre épanouissement de demain est nos doutes d'aujourd'hui.* – Franklin D. Roosevelt 💪 *Le succès, c'est tomber sept fois et se relever huit.* – Proverbe japonais ✨ *Ce que vous faites aujourd'hui peut améliorer tous vos lendemains.* – Ralph Marston

Table des matières

Dédicace 1
Préface 3
INTRODUCTION 5
💡 Chapitre 1 9
L'histoire d'un déclic 9
🎧 Chapitre 2 10
L'écoute, clé du succès On dit souvent que pour réussir 10
🔎 Chapitre 3 11
Détecter les talents cachés 11
🏆 Chapitre 4 12
L'Engagement et la persévérance : Les vrais moteurs du succès 12
✨. Chapitre 5 13
De la restauration à l'immobilier : 13
Chapitre 6 15
Les leçons d'une carrière aux multiples facettes 15
Chapitre 7 16
De la quête d'excellence à la remise en question : une transition difficile 16
Chapitre 8 17
Le déclic : voir au-delà des apparences 17
Chapitre 9 18
Lier passion et opportunité : le moment où tout bascule 18
Chapitre 10 19
Le message essentiel : 19
Chapitre 11 20
Les doutes d'une nouvelle voie : entre frustration et espoir 20
Chapitre 12 21
🏆 L'art de la persuasion sans manipulation 21
Chapitre 13 23
Le passage à l'immobilier : enfin, la maîtrise de toutes ces compétences 23
Chapitre 14 24
« Les Senioriales » : 24

Chapitre 15 27
L'avenir et la transmission – Que reste-t-il à accomplir ? 27
Chapitre 16 30
Accepter l'inattendu : la magie des chemins non tracés 30
Chapitre 17 31
L'avenir se construit maintenant 31
Chapitre 18 33
Devenir un mentor – Transmettre sans imposer 33
Chapitre 19 34
Inspirer l'action – De la théorie à la mise en mouvement 34
Chapitre 20 35
Le leadership basé sur le bon sens 35
Chapitre 21 36
Conclusion – Le vrai succès est dans la transmission 36
Chapitre 22 39
Se saluer soi-même – L'art de commencer la journée avec puissance 39
Chapitre 23 40
L'amour de soi avant l'amour des autres 40
Chapitre 24 42
Aimer son métier – Une question de perception 42
Chapitre 25 44
Réaligner son énergie et son environnement 44
Chapitre 26 45
Aimer son métier – Une question de perception 45
Chapitre 27 46
Le vrai filon du succès – L'intention 46
Chapitre 28 : 49
La puissance des choix quotidiens 49
Chapitre 29 : 52
Transformer son quotidien en source d'inspiration 52
Chapitre 30 : 54
L'impact des petits gestes – Ce qu'on fait sans y penser mais qui change tout . 54

Chapitre 31: 56
La puissance des micro-actions – Le succès vient de la régularité 56
Chapitre 32 : 58
Le pouvoir du bon sens – Ne pas compliquer ce qui est simple 58
Chapitre 33 : 61
Les décisions invisibles : ce qu'on choisit sans y penser 61
Chapitre 34 : 63
L'art de changer sans tout révolutionner 63
Chapitre 35 : 66
La simplicité avant la complication 66
Chapitre 36 : 69
Le poids d'un choix – Entre passion et sécurité 69
Chapitre 37 : 72
Les émotions d'un créateur – Entre excitation et solitude 72
Chapitre 38 : 75
L'échec utile : transformer les revers en tremplins 75
Chapitre 39 : 76
L'art de rebondir avec ingéniosité 76
Chapitre 40 : 78
Les rencontres qui changent tout 78
Chapitre 41 : 79
Le succès est une combinaison de choix et de vision 79
Chapitre 42 : 82
La philosophie du bâtisseur – Créer plutôt que subir 82
Chapitre 43 : 84
Les stratégies pour passer à l'action sans attendre 84
Chapitre 44 : 87
La dernière question à se poser avant d'avancer 87
Chapitre 45 : 90
L'esprit de transmission : apprendre pour mieux partager 90
Chapitre 46 : 91
Ce que la franc-maçonnerie m'a enseigné sur le leadership et la réussite 91

Chapitre 47 : 92
Bâtir plus grand que soi – L'impact invisible d'un engagement profond 92
Chapitre 48 : 94
Le véritable héritage – Ce que nous laissons derrière nous 94
Chapitre 49 : 96
L'héritage de la pensée maçonnique dans le leadership 96
Chapitre 50: 98
Une dernière question – Que veux-tu laisser derrière toi ? 98
Chapitre 51 : 100
Le savoir en action – Une connaissance qui vit 100
Chapitre 52 : 103
La grande illusion du savoir sans application 103
Chapitre 53 : 105
Le dernier message – La force de transmettre pour créer du sens 105
Chapitre 54 : 107
Savoir : la connaissance comme fondation du succès 107
Chapitre 55 : 108
Savoir-Faire : transformer la connaissance en action efficace 108
Chapitre 56 : 109
– Savoir-Être : la vraie clé du leadership et de la réussite humaine 109
Chapitre 57 : 110
Le lien entre ces trois savoirs – Une maîtrise complète 110
Chapitre 58 : 113
– Comment appliquer le Savoir, le Savoir-Faire et le Savoir-Être dans le quotidien 113
Chapitre 59 : 115
L'impact du bon état d'esprit sur la réussite 115
Chapitre 60 : 116
– La mise en mouvement : de la réflexion à l'action immédiate 116
Chapitre 61 : 117
Comment gérer les doutes et les obstacles comme un leader 117
Chapitre 62: 118
Devenir une personne qui attire les opportunités 118

Chapitre 63: 121
Conclusion 121
Chapitre 64: 122
L'appel final à l'action : créer ta propre transformation 122

Dédicace et reconnaissance 122

FSC
www.fsc.org
MIX
Papier | Fördert gute Waldnutzung
FSC® C083411

Kolibri 360 GmbH
Ferdinand-Jühlke-Straße 7
99095 Erfurt, Deutschland
produktsicherheit@kolibri360.de

Druck:
CPI Druckdienstleistungen GmbH
im Auftrag der
Kolibri 360 GmbH
Ferdinand-Jühlke-Str. 7
99095 Erfurt